ニッポン放送
上柳昌彦
あさぼらけ

居場所は〝心《ここ》〟にある

上柳昌彦と仲間たち

扶桑社

はじめに

60歳で出版した拙著『定年ラジオ』。私がニッポン放送に入社が決まった時に大学の後輩から「ラジオってなくなるらしいですよ」と真顔で言われ、入社すると今度は「ラジオ局が潰れるなら、我が社は最後に潰れる局になるのだ！」と全体会議で当時の役員から言われたと、この本に書いた。私が恋焦がれたラジオ業界は先行きが危うい状況であることを感じざるをえなかった。以来40数年、私はまだラジオ業界の片隅で細々と小商いを続けている。

日本史と地学以外は授業にまったくついていけなくなった高校2年生あたりから、明け方までラジオを聴き、授業をサボって映画館の暗闇に逃げ込むような生活をしていた。浪人をしてなんとか入った大学では、これまた2年生の後半から授業にほとんど出なくなり、放送研究会の仲間とラジオドラマ作りや酒やバイトに明け暮れる日々を過ごした。４年生の夏に慌てて就職課を訪ねてみたものの職員からはただ憐みの目で見られてしまった。

　そんな学生生活の中で、私にとってラジオは救いだった。先行き不安な若造はラジオパーソナリティの亀渕昭信《かめぶちあきのぶ》、髙嶋ひでたけ、林美雄《はやしよしお》、小島一慶《こじまいっけい》、土居まさる、みのもんた、吉田照美、野沢那智《のざわなち》、白石冬美、吉田拓郎、南こうせつ、谷村新司、愛川欽也、永六輔、きたやまおさむ、タモリといった方々が語る〝とびっきりの面白話〟やなにげない日常、そして旅や映画、音楽の話から、人には様々な生き方があることを教えてもらった。

　一方で深夜放送を聴き終えたときの背徳感はかなりのものだった。闇夜がやがて深い紫色に染まり、それが徐々にオレンジ色に変化する朝焼けをぼんやり眺めながら、ラジオの世界に入りさえすればこの自堕落な生活から抜け出せるのでは、と夢想するようになった。もちろんマイクの前に立てるとは思いもしなかったが。

しかしどうしたことかラジオ局のアナウンサーという肩書を持つことになる。だが長寿番組とはまったくの無縁であったし、それどころかレギュラー番組がゼロという経験もした。それゆえにマイクの前に居続けるためにいつも必死だった。そのおかげなのか、幸いなことに今でもスタジオという居場所が私にはある。真面目だねぇと言われる事もあるが、だからこそなんとか今の番組が続いていると思う。また様々なものから逃げていた私を救ってくれたラジオにだけは真摯に向き合わなければ、と思っている……などと大層なことを言っている割にはこの程度か、と言われそうだが。

しかしその恩を返すべきラジオの現状は今も厳しい。スタジオではディレクターの指示や音楽やCM、そして自分の声をモノラルのイヤホンで聴きながら放送している。携帯ラジオで競馬中継を聴いている人が耳に細いコードを突っ込んでいるあれだ。イヤホンを買いにいくと「モノラルですが本当によろしいですか？」と必ず聞かれる。このイヤホンが数カ月に一度は断線するので、そのたびに有楽町駅前の大手家電量販店に買いに行く。しかし売り場替えが頻繁に行われてしまうので場所を探すのも一苦労だ。

　モノラルのイヤホンは基本的にラジオ受信機売り場の脇にひっそりと置いてある。東日本大震災後には〝災害時にはラジオ〟というキャンペーンも行われ、１階のかなりいいスペースに置かれた時期もあった。しかし今や１階フロアはすべてスマホ売り場となり、ラジオは２階の大型ＴＶやオーディオ、お酒売り場の近辺に頻繁に場所を移動しながらかろうじて置いてもらっている。そこではラジオを吟味するお年寄りと、カセットテープを懐かしそうに手に取るベテランＯＬさんと、モノラルイヤホンの売り場がまた変わったのかとため息をつく坊主頭の男の姿を見ることができる。その光景こそがまさにラジオ受信機の、そしてラジオ業界の現状だと思う。

　一方でｒａｄｉｋｏの出現は画期的なものだった。80年代を生きた人の中で、誰が電話とカメラが一体化するなんて考えただろう。そしてガラケーからスマホへと進化する過程で、電話は文章や写真をやり取りし、辞書や地図、翻訳機や動画、音楽配信などいろんな機能を備えたツールとして進化し続けた。今や小さな板状の電話を使えば1週間以内であればラジオ番組やTV番組をいつでもチェックできる時代となった。

そんな時代に私は今、月曜日は午前5時～6時まで、火曜から金曜日は午前4時半～6時という時間帯の番組を担当している。常識的に考えればかなり特殊な時間だが、ではなぜそのような早朝にあなたはリアルタイムで『あさぼらけ』という番組を聴いてくださっているのか。またこんなにいろんな方法でメディアやSNSに接することができるのに、なぜradikoのタイムフリーで聴いていただいていないのか。

このラジオは新聞配達やパン屋さん・お弁当屋さんの仕込み、ラッシュ前の電車に乗るためだったり勤務先が遠く家を出る時間が早いという理由や、介護をしている親御さんが起きる前のつかのまのコーヒータイムのお供に聴いている人が多い。

早朝のラジオを聴く人たちの生活について知りたいと思い、メールとハガキで募集したところ次のような反応があった。

母上が亡くなり突然介護が終わってしまった喪失感から眠れぬ夜が続くなか、何げなくつけたラジオから流れてきたのがこの番組。その後に出会った男性もリスナーであることがわかり意気投合して結婚。今は盲導犬2頭とともに暮らす視覚障害のご夫婦。

出産直後の3時間おきの授乳で睡眠不足のなか、夜中に起きて不安な気持ちなのは自分だけではないと思わせてくれるのでラジオを聴いている、という幼子の母たち。

大雪になった夜中、オールナイトニッポンを聴きながら除雪作業をしていたら次の番組が始まり、それ以来なんとなく聴くことになった34歳の札幌市在住の男性。

愛犬2匹が毎朝午前4時20分になると、起きろとばかり体の上に乗ってくるので、仕方なく起き出して番組を聴きながら散歩に連れ出す54歳の男性。

星野源さんのオールナイトニッポンから流れてきた、新聞紙を敷いたスタジオをカサカサ音を立てて走り回る無駄吠えしないポメラニアンとのミニ番組を聴いて、犬の相手をしているこの人はいったいどんな番組を担当してるのかと思い、聴き始めた30歳の女性。

コロナ禍で飲み会がなくなり、家飲みで午後9時には寝て、明け方に起きてラジオを聴くようになった59歳の男性。

手術やリハビリで入院中、午前5時ごろから看護師さんが巡回の準備を始める気配で目が覚めて、明けゆく空を病室の窓から眺めながらラジオを聴いて検温の時間を待つ、病気療養中の方々。

本当に様々な理由で明け方の番組に集っていることを知り、これからもそれぞれの生活の中でラジオが流れる状況を思い浮かべ、そこへ私の声を届けていきたいと強く思った募集テーマだった。またかつてラジオはなくなると言った後輩には、映画『トップガン マーヴェリック』で〝パイロットは絶滅する〟と軍の幹部に言われたことに対し、トム・クルーズ演じるベテランパイロットが静かに返した「そうかもしれません。でも、今日じゃない」という言葉を贈りたい。

この本の出版時点で番組開始から7年半が経つあさぼらけだが、ラジオは10年続いたらワンクール（TVにおける3カ月）という高田文夫先生の説ではまだまだ小僧っこ番組だ。それでも私の担当番組の中では最長となった。たかが7年半、されど7年半だが、ここまで番組が続いたのはひとえにお聴きくださっているあなたと、そして真夜中から少数精鋭で私を支えてくれているスタッフのおかげだ。

さらには若き営業部員が苦労して「ラジオで宣伝をしませんか」とスポンサーのみなさんを説得し、様々な企画を立ててくれていることも忘れてはならない。

「食は生きる力　今朝も元気にいただきます」のコーナーでは、食に対する考えが大きく変わるような貴重なお話を、専門家の方々からお聞きすることができた。


また3年前から始まった「観音温泉るんるんタイム」で出会った伊豆奥下田の観音温泉の女将、鈴木《すずき》和江《かずえ》会長の存在は番組にとって大きかった。当初は3カ月間限定の女将との週一回のインタビューコーナーの予定だったが、今では3年続く毎週木曜日の名物コーナーとなっている。伊豆奥下田の山奥にある温泉で、なおかつ宿泊費も決して安くはないのである。

しかしこれまで多くのリスナーがアルカリ性のとろみのある温泉を堪能し、玄関に置かれた番組ノート「縁ノート」には多くの感謝の言葉が書き込まれている。

女将は、子育てをしながら、父上から受け継いだ観音温泉をさらに充実した施設にし、また下田の街にも様々な貢献をしている。一年365日、お客様が何を望んでいるのかを聞き、観察し、建物やサービスにそれらを反映させ、より魅力的な施設にするべく今日も女将自ら巨大なユンボを操縦している（本当です）。リスナーはそんな女将の人柄に惹かれ、現地で女将に会うと涙する人までいる（本当です）……とここまで書くと「なに勝手なこと言ってんの」と怒られそうなのでこのあたりでやめておく。しかし「女将のこれまでの人生は、NHKの朝の連ドラになりうる」と冗談ではなく思っている。まぁその際のナレーションはもちろん私が務めさせていただくのだが。

60歳になってニッポン放送退職と同時に前立腺がんの摘出手術を経験した。その5年後に今度は激しい頭痛に見舞われて検査すると、下垂体腺腫卒中《かすいたいせんしゅそっちゅう》との診断でコロナ禍での入院手術となった。このあたりの騒動などは番組朗読コーナー「あけの語りびと」の構成作家で、敬愛する日高さんと望月さんが私へ長時間のインタビューを行い、このたび文章にしてくれた。

年を重ねるほど明らかに涙もろくなった。盟友・松本秀夫さんとの術後の電話、病室のベッドで観た生放送でCreepy Nutsが歌った『のびしろ』、入院中の私を励ましてくれた歌手クミコさんのブログ、コロナ禍で親と面会ができない入院中の幼子が看護師の手をぎゅっと握りしめる姿、エリック・クラプトンがジョージ・ハリスンを偲んで開催したライブ映画『コンサート・フォー・ジョージ』、そしてWBCのドキュメンタリー映画『憧れを超えた侍たち 世界一への記録』等々、泣くまいと思っても涙を止めることができなかった。

また義父がなくなった際に精進落としで献杯発声を仰せつかったにもかかわらず、義父、義母と我が家で毎年夏に出かけた旅先の部屋で、孫たちの成長を見つめる義父の穏やかな笑顔を思い出し、涙声の情けないあいさつになってしまったこともある。

しかしなぜか涙を流していないことが一つある。それは母の死だ。10年前から続く体の不調を見守りながら、ゆっくりとお別れができたからか、それとも葬儀や納骨その他考えなければならない手続きが多々あり気が張っていたからか。妹はお盆で父のための送り火をしたときに初めて涙したと言っていたけれど。

番組が始まった2016年の春に時を同じくして施設に入居した母も番組リスナーだった。しかし数年後にはラジオのスイッチを入れることもおぼつかなくなり、折あるごとに母を訪ねて携帯ラジオやラジカセの聴き方を説明したが、コロナ禍で面会が制限され、それも叶わぬことになってしまった。母の部屋に行って「これで聴けるよね」と会話を交わすことはもうないのかと今でも時々思ってしまう。私ごとながら、2023年猛暑の夏に母が89歳でこの世を去ったのも初めてこの本で語らせてもらった。

さて、そろそろ本編前のタイトルコールの時間が近づいてきたが、その前にもう一度お聞きしたい。「あなたはなぜ、とんでもない早朝のラジオを聴いてくださっているのですか?」「あなたはなぜｒａｄｉｋｏでわざわざ後追いで聴いてくださっているのですか?」と。

では始めよう「居場所は〝心《ここ》〟にある　上柳昌彦　あさぼら～けっ!」

上柳昌彦

この文を書き終え、まさに本になろうという時に谷村新司さんの訃報に接しました。
谷村さん。私をラジオの世界に導いてくださったこと、心より感謝申し上げます。

【目次】

第3章 リスナーの朝、それぞれの朝
「あけの語りびと」特別編 …… 81

第4章 みんなで闘った病気のこと …… 101

第5章 母もリスナーだった私たちのラジオ

第1章

あさぼらけが始まった日

早朝の番組を担当していただきます

2015年末、ニッポン放送の檜原麻希《ひわらまき》編成局長（現・代表取締役社長）から声をかけられた。

「上柳さんには、早朝の番組を担当していただこうと思っています」

断ってもかまわないという。すごく気をつかってくださっている様子が言葉の節々にうかがえた。それまで朝や昼のワイド番組を担当してきた私に、早朝という〝大変な時間〟に申し訳ないけれど……という意味があったのかもしれない。

当時私は『今夜もオトパラ！』という番組を担当していた。ニッポン放送の松本秀夫アナウンサー（現・フリーアナウンサー）との、ナイターのない時期に放送される夕方の番組だ。大変楽しい番組だった。松本さんとの相性の良さも感じており、20

14年と翌15年の2シーズン続いていた。2016年のオフも放送があるといいなという淡い期待を抱いていたし、ナイターシーズンには、週1回のレギュラー番組に発展したら面白いのに……という思いも、私にはあった。

一方、金曜日の午後は、山瀬まみさんとの『ごごばん！フライデースペシャル』に続き、『金曜ブラボー。』という番組を望月理恵さん（フリーアナウンサー）と担当していた。おふたりとの放送も楽しかったが、週1回の生放送でできることには限界があった。やはり、ラジオの生放送、それも月曜～金曜日の「帯のレギュラー番組」を、もう一度どこかで担当させてもらえないかなという願望があった。でも、同時にこのまま仕事がなくなって、消えていく存在なのかなとも思っていた。

檜原局長から月～金曜早朝帯番組のオファーがあったのは、そんな不安な気持ちを抱いていたときだった。当時、朝4時30分からの放送を担当されていた山口良一さんには大変申し訳なかったが、私がもう一度、帯番組を担当させてもらえるとしたら早朝の時間帯しかないだろうと思っていた。しかも、年齢を考えれば、最後の帯番組となるに違いない。58歳の長寿番組が一つもない男、ラジオパーソナリティとしては「失格」の烙印を押されたような男に、新たな番組のオファーがあったこと自体、すごくうれしかった。「喜んでやらせていただきます！」と即答した。

「経費削減」のトライアル⁉

「上柳さんの番組では、最小人数でどの程度、ラジオの帯番組ができるのか、試しにやっていただきたい」

檜原編成局長は、私にオファーした理由をこう説明した。当時、ラジオ局は経費削減を真剣に考えざるを得ない大変な状況になっていたのだ。このため、ディレクター、ミキサー、私の3人で番組を作ってほしいと条件を提示してきたのだ。私は、不思議と嫌な気持ちはしなかった。私自身、数多くのワイド番組を担当してきたが、近年はスタッフが多いと感じていた。ディレクターにサブディレクター、アシスタントディレクター、放送作家さんとサブ放送作家さん、さらにアルバイトさんもいた。時にはもう一人ディレクターがいて、ゲストの方のアテンドを担当するケースもあった。作家さんは進行台本を細かく書いてくれて、番組に届いたメールも選んで印刷してもらっていた。さらに、アルバイトさんがお茶を出してくれた。まるで上げ膳据え膳の高級旅館の宿泊客のようで、私ごとき社員パーソナリティにこのような厚遇は、なんだか申し訳ないと感じていた。

振り返ってみれば、私がかつて担当した番組は、みんな少人数でやっていた。『オールナイトニッポン（2部）』（1983〜86年）や『HITACHI FAN! FUN! TODAY』（1986〜90年）という音楽番組は、台本などあってないようなものだった。番組に届いたハガキ選びをはじめ、しゃべり手として、放送に必要なことは、全部自分でやらざるを得なかった。

檜原局長は、「誰もいません。放送作家もつけられません。アシスタントディレクターもいません。ディレクターも月曜から金曜まで一人だけです」と話す。これを聞いてちょっとワクワクした。「これこそラジオだ！」と思った。そして、「ディレクターとガッツリ組んでやるしかない！」と肚をくくった。

担当になったのは、入社20年目の石田誠ディレクター（当時）である。彼とは、私が『タモリの週刊ダイナマイク』（1990〜2005年）をやっていたころから気心の知れた関係だ。ニッポン放送は、1997年3月から2004年9月までの約7年半、お台場・フジテレビ社屋の22〜24階にあった。『タモリの週刊ダイナマイク』は、毎週金曜昼の『笑っていいとも！』（フジテレビ）の後、『ミュージックステーション』（テレビ朝日）までの間に収録していた。このため、スタジオは有楽町に残されていた、ほとんど人の気配がしないニッポン放送旧社屋で行っていた。この番組にアシスタントディレクターとしてついていたのが、新入社員だった石田ディレクターだった。

彼の名前を聞いて東京湾岸の夕景が思い出された。1990年代後半から『タモリの週刊ダイナマイク』は、ナイターオフの番組となっていた。日が暮れるのが早い季節。タモリさんとの収録が終わった後、私と石田ディレクターが、お台場の社屋へ収録したテープを運んでいた。当時はオープンテープでの収録が一般的だった。「俺らに今、何かあったら番組はどうなるんだろう？」と、たわいもないことを二人で話しながら、レインボーブリッジを渡っていた。今は収録した音声を、インターネットを使って搬入している。時代は変わったものだ。

こうした20年近い関係があったので、番組の土台作りはスムーズに進んだ。まずは石田ディレクターがCUEシート（番組進行表）の案を書いてくれた。聞けば、1時間半の放送時間のうち、放送内容が決まっているのは、「心のともしび」と提供スポンサーがついていた「海の天気予報」、そして通信販売のコーナー「ラジオリビング」だけだという。私は「メールをたくさん読みたい。あと、できるだけ曲をかけていきたい」と伝えた。メールを読みたいと思ったのは、早朝の番組にメールを下さる方には、よほどの事情があるのだろうと思ったからだ。その事情をくみ上げるのがラジオパーソナリティの役目。そして、メールを紹介することで、「今、起きているのは私だけじゃない」と思ってもらえればいいと考えた。彼も「いいですね！」と賛成してくれた。

ちなみに、最初は石田ディレクターが月曜から金曜日まで担当する予定だったが、さすがに編成部門から、ディレクターに「もしも」のことがあったら困ると意見がでた。そこでもう一人、賀茂正美ディレクター（のちに二代目チーフディレクター）がついてくれることになった。いずれにせよ、ニッポン放送の帯番組としては、最少のスタッフであることに変わりはなかった。

幸せの黄色い新幹線に導かれて「あさぼらけ」

これまで多くの番組を立ち上げてきた私だが、立ち上げにあたっては、番組タイトルの提案はするものの、基本的にスタッフや編成部門に任せるスタンスでやってきた。2015年当時、担当していた夕方の番組では、軽く一杯引っかける時間帯にちなんで「今夜も角打ち」という案を出したが、採用されなかった。最終的に〝音(楽)のパラダイス、大人のパラダイス〟の意味を込めて『今夜もオトパラ！』に決まったが、そこでも、「わかりました」と素直に受け入れていた。

早朝の新番組のスタートにあたっても、タイトル案を求められた。ニッポン放送への出社途中、山手線内回り電車内で、ぼんやりと外を眺めながら思いを巡らせていた。

ふと、さほど勉強もしていなかった高校時代の古典の授業を思い出した。日本の言葉には「朝早い」「夜が明ける」という意味を表すものがいっぱいあるんだな、というおぼろげな記憶である。「あかつき」や「あけぼの」……。そのなかに「あさぼらけ」という、ちょっと面白い語感の大和言葉があったのを思い出し、辞書を引いてみた。「夜が徐々に明けゆく様」と書いてあった。確か小倉百人一首にも歌があったはずである。

なんといっても、「あさぼらけ」という語感に魅かれた。耳にすると、あまり頑張っていない感じがするのだ。この言葉なら、朝の早起きがつらいイメージを和らげてくれるのではないかと思った。気がつけば、山手線の電車が新橋から有楽町に差しかかるところだった。「これはいい！」と思ったときに、目の前の東海道新幹線を「ドクターイエロー」が、スーッと通り抜けていった。私は鉄ちゃんではないが、黄色い新幹線が見られると「何かいいことがあるんじゃないか」と勝手に思い込んでいた。心躍った私は、いつになく熱心に「あさぼらけ」にしたいと提案した。しばらくして、檜原局長から新番組のタイトルは、私が提案していた「あさぼらけ」になったと告げられたときは、とてもうれしかった。

ちなみに、新番組の企画書上の仮タイトルは「おはようパラダイス」であったと聞いている。


番組のタイトル案が通ると、「テーマ曲も考えたい」という欲が出てきて、曲の案を出してみた。特に4時半から5時の間は、私がやっていたオールナイトニッポン(2部)の時間、深夜放送だ。私が深夜放送を聴き始めたのは、中学1年生のときだった。当時、ヴァニティ・フェアの『夜明けのヒッチハイク』という曲がヒットしていた。この曲のイントロで流れるリコーダーの音が好きだった。本当に夜中にヒッチハイクするという歌であり、4時半のスタートにいいだろうと選んでみた。

ちなみに、番組(またはコーナー)が終わった直後に流れるコマーシャルを、業界用語で「ヒッチハイク」と呼んでいる。その意味では、直前のオールナイトニッポン0(ZERO)から、コマーシャルなしでつながる1曲目が、「夜明けのヒッチハイク」というのも、言葉遊びとして面白いなと思った。オールナイトニッポン0（ＺＥＲＯ）は一旦終わるが、その続きがあさぼらけとして始まる……そんなイメージも湧いてきた。

5時台のオープニングテーマは、ギタリストの堀《ほり》尾《お》和孝《かずたか》さんにオリジナルの曲を作っていただくことにした。堀尾さんとは、日曜夕方の『笑福亭鶴瓶 日曜日のそれ』で出会った。堀尾さんは、鶴瓶さんの番組のエンディングテーマを作ってくださった方で、今は亡き大杉漣さんのお友達でもある。鶴瓶さんが、大阪の「帝塚山《てづかやま》無学《むがく》」という70人ぐらい入る小屋で開いたライブに、大杉漣さんをお呼びしたときに、一緒にいらしたのが堀尾さんだった。その素晴らしい腕前に鶴瓶さんが惚れこんで、『日曜日のそれ』のエンディングテーマを作ってほしいとお願いしたら、即答でＯＫしていただいた。私も再び番組を担当する機会があれば、堀尾さんにテーマソングを絶対に頼みたいと思っていた。

早速、オファーすると『あさぼらけ』と『Ｓｔｒｉｋｅ』という2曲を作ってくださった。一曲目の『あさぼらけ』を聴いたときは、正直少し静かな曲だなと思った。聞けば、太陽がだんだん昇っていく様をアコースティックギターの5弦6弦を使って、ツンツンツンツンツン……とやったという。「これはいい！」と納得した。

「汽水域」の早朝だからこそ、リスナーと向き合いたい

ｒａｄｉｋｏのあさぼらけの紹介文には、「朝を迎える皆さん一人一人にその日一日を10％前向きになってもらえるように心がけているトークラジオ」とある。これは、ニッポン放送の編成部門の方が考えてくれた言葉である。正直なところ、私は「前向き」という言葉を使ったことがない。また、メインの聴取者とされている「アクティブシニア」という言葉は、おそらく営業部門から出てきた言葉である。私自身も番組

表などを見て、「アクティブシニア」と思われているのだと初めて認識した。

あさぼらけの火曜から金曜日は、午前4時半から番組が始まる。直前まで放送しているオールナイトニッポン0（ZERO）は全国ネットで、多くの放送局で、そのままあさぼらけも〝セット〟で、午前5時まで放送してくださる。当初は9局ネットだったが、近年のオールナイトニッポン人気の恩恵にあずかって、この秋からなんと全国31局ネットとなった。5時まではあるが。

4時半から5時の間というのは、夜と朝が入り混じる時間だと感じている。若い方も、年配の方も聴いている。オールナイトニッポン0（ZERO）から入ってきて聴いてくださっている方もいれば、NHKの『ラジオ深夜便』から流れてきてくださるリスナーの方もいる。ちょうど海水と淡水が混じり合う「汽水域」のようなイメージの時間帯だ。そして5時からは「早朝のワイド番組」となる。私のなかであさぼらけという番組は、深夜放送と早朝のワイド番組という〝一粒で二度おいしい〟ラジオだと思っている。

私がニッポン放送に入社した当時、早朝番組は、まさに〝熟年ワイド〟だった。檜山信彦アナウンサーが『早起きお楽しみワイド昔はよかった』という番組を担当されていた。新入社員の私にしてみれば、開局一期生の方やNHK出身のディレクターなど怖いオジさんたちが、渋い演芸番組をやっていた印象が強い。番組が終われば、スタッフが「じゃあ、行くか！」と築地へ繰り出し、朝から一杯やって、いい感じにでき上がって帰ってくるという牧歌的な時代だった。

しばらくして、お世話になった先輩でもある斉藤安弘《さいとうやすひろ》（アンコー）さんや比嘉憲雄《ひがのりお》（当時はマイクネーム・ひがのぼる）さんが早朝の時間をやって、山谷親平《やまたにしんぺい》さんの『お早うニッポン』につないでいく時代となる。その後、塚越孝さんが5時からの生放送を始めた。塚越さんは当時、オールナイトニッポンを担当していたとんねるずのスタジオ（第7スタジオ・レッドスカイ）へ入っていって、「また、つかちゃんが来たよ！」などとやり取りをしていた記憶がある。

私としては、早朝の番組はこうあるべきという考えはなかった。朝のワイド番組という意味では、私は長年、昼の番組や夕方の番組を担当していたこともあり、早朝のラジオ番組を意識して聴いたこともなく、先入観も特になかった。それゆえに他局を含めて特定の番組を意識したつもりはない。

ただ、早朝の時間帯は、TBSラジオがとてつもなく強いとは聞いていた。一応、番組が始まる前に、私も生島ヒロシさん（TBSラジオ）や寺島尚正さん（文化放送）の番組を聴いてみた。さすが、早朝からコメンテーターの方をつないで、きちんとした情報番組をやっている。早朝は5時から6時にかけて聴いてくださる方が少しずつ増えてくる。各番組共に、それに合わせて、番組の終わりのほうにコメンテーターがレギュラーで出演されているということがわかった。でも、他局と同じことをやっても仕方がない。実際、あさぼらけには番組の後半になるほど、必ず放送しなければならないコーナーがぎっしりと詰まっていた。5時35分を過ぎると、ほぼ自由な時間はないのだと覚悟した。

いわゆる局アナが担当する番組には、放送局側のありとあらゆる「要請」が入ってくるのが常である。私もかつては社員だったので、営業部門の人たちが苦労していることもわかる。その分、私が自由にしゃべる時間は少なくなる。振り返ってみると、2002年から5年間担当した『うえやなぎまさひこのサプライズ！』も、一人しゃべりでメールを読み、リスナーと電話をつないで、曲をかけていた番組だった。

ありがたいことに、だんだんとスポンサーの方が入ってくださったのだが、次第にまるで積み木のように、様々なコーナーだけが積み重なったような番組構成になってしまっていた。それに伴い、私もスポンサーや営業サイドのほうしか見られなくなっていき、リスナーが置いてきぼりになってしまっていると感じることもあった。正直、「誰のための放送なのか？」と悩んだ。

それでも『サプライズ！』のときは、番組のポリシーのようなものを一本貫ける感じで、番組を作りたいと七転八倒していた。その努力が実って、「10時のちょっといい話」という朗読のコーナーに、化粧品の大手スポンサーさんがついてくださったときは、なかなかシビれた。

早朝の帯番組は、昼の番組に比べれば遥かに縛りが少ない。ちょっと解放された気分になった。早朝の番組なら、こんな時間にスポンサーが来ることは、まず考えられないと思っていた。あと、多少のことをしようとも、ニッポン放送の社員すら聴いていない時間帯である。私も昔の反省を踏まえて、リスナーの方とちゃんと向き合いたいと思っていたし、仮にスポンサーさんがついてくださったとしても、聴いている方に違和感のない構成にしていこうと思った。

そして、番組を始めるにあたっては、石田ディレクターと「〝できません〟はナシにしよう」とも決めた。組織が大きくなると「無理です」「できません」と言ってしまいがちになる。やっぱり私は、「なんとかしよう」ということを考えるのが好きなのだ。あさぼらけのスタートは、そんな私のモチベーションと重なったタイミングだった。

いよいよ始まった「最少人数」のラジオ

２０１６年3月28日（月）午前5時、堀尾和孝さんのギターのメロディーにのせて、いよいよ『上柳昌彦　あさぼらけ』が始まった。正直なところ、私は番組の第一声も、その内容も憶えていない。１曲目は後年、リスナーの方が教えてくれた。井上陽水さんの『夢の中へ』だったそうだ。今では番組のホームページに選曲リストを載せているが、これもリスナーのみなさんの要望によりしばらくしてから始まったもので、最初はそれすらもない。ニッポン放送の通常の番組であれば、アルバイトさんが番組ノートに放送した曲を記録してくれているのだが、あさぼらけにはそうしたスタッフすらいないのだ。

初日の番組ホームページを振り返ってみると、２日前の3月26日に北海道新幹線

（新青森〜新函館北斗間）が開業していた。これに合わせて、ラジオリビングでも北海道の名産で人気商品の松前漬を紹介するという。番組の立ち上げということもあって、リビングを担当するニッポン放送プロジェクトのスタッフだけでなく、長年お世話になっている竹田食品の高橋さんも立ち会いで来ていた。聞けば高橋さん、なんと土曜日に運行開始された北海道新幹線の一番列車に、プライベートで乗車したというではないか。このタイミングで北海道新幹線に乗った人は、そういるものではない。急遽、打ち合わせなしで、「ちょっと来てください」と高橋さんにスタジオに入ってもらって、新幹線開業の熱気をレポートしていただいた。

一日中、ニッポン放送をお聴きの方ならわかると思うが、「ラジオリビング」には、一つの決まった原稿がある。新しい番組のリビングでは、原稿をそのまま読み進めるような商品説明はしたくなかった。この商品を扱っている方はこんな人で、早くも北海道新幹線に乗った人ですよ、ということをリスナーにも知ってもらいたかった。そうすることで1時間、または1時間半の番組全体がコーナーの寄せ集めではない一つのものになる。私がパーソナリティとしてお伝えするあさぼらけにできるのではないか……、そんな気持ちが出ていたのだと思う。いずれにしても、しゃべっている人間とディレクターしかいないと決断は早い。やるしかないのだ。会議ではなく、その瞬間瞬間に何をするのかを問われて、どう対応していくか。これぞ生放送という楽しさを感じられる初回放送となった。

「ラジオリビング」では、番組が始まってすぐの4月7日放送回も忘れられない。笑福亭鶴瓶さんが、番組に来てしまった（？）ときだ。私がレギュラーで出演している『日曜日のそれ』のときに新番組を始めることを伝えると、鶴瓶さんが、「うえちゃん、俺行くで」と言いだした。「いやいや、朝4時半から6時の放送ですよ！」と伝えたが、「あの人、行くっていうと本当に来るんだよな」とも思っていたら……本当に来ってきたのだ。しかも、時刻は5時40分、「ラジオリビング」のスタッフと一緒にスタジオに入ってきたのだ。とりあえずスタジオに入っていただいて、商品の黒ニンニクを紹介しながら、鶴瓶さんに食べていただいた。

鶴瓶さんがいつ来るかは、私もまったくわからなかった。事前の打ち合わせもなく、鶴瓶さんのマネージャーさんがいるわけでもなかった。ただ、この日、リビングのスタッフと鶴瓶さんの姿が見えた瞬間、〝鶴瓶さんが黒ニンニクを紹介する姿〟は今までに見たことがないなぁと、ふと思った。とっさにこの事態を面白がっている自分がいた。ちなみに、鶴瓶さんは早起きするため、わざわざ午後11時すぎに寝たものの、深夜0時に目が覚めてしまい、その後は眠れなかったという。タクシーでバーッと来て、パーッと帰っていった。そして、鶴瓶さんに「うまいやないか！」とおっしゃっていただいたこの黒ニンニクは、大変多くの方がお買い求めくださったという。ありがたい限りだ。

あさぼらけ草創期の記憶は、ほとんどといっていいほどない。この夏、結成50周年を迎えたTHE ALFEEのお三方をお迎えして、番組で三人が唄う母校・明治学院大学の校歌をおかけした。歌としてカッコいいのはもちろん、島崎藤村が作った詞に「あさぼらけ」とあるからだ。番組スタッフによれば、じつは1週目の放送でも、THE ALFEEのみなさんが唄ったその校歌をかけていたという。今ではこの校歌はベスト盤のCDに入っているのだが、当時はまだCDが出回ってなく、チャリティで作られたＤＶＤの音源使用許可をわざわざ取って、オンエアしたことが思い出されてきた。

初めてリスナーのみなさんと一緒に行った番組のイベントも、スタッフが調べてくれた。番組スタートから2カ月後の２０１6年5月28日、ニッポン放送地下のイマジンスタジオで、番組のテーマ曲を作ってくださった堀尾和孝さんが弾くギターの生演奏にのせて、私が朗読するイベントをやっていたという。リスナーのみなさんには、ワイドＦＭ対応のラジオを持参のうえで参加してもらい、ＨＰＬという新しい技術を使い、イヤホンでもスピーカーのように聴こえるかもしれないという〝音響実験〟に協力してもらったのが最初だそうだ。

石田ディレクターとミキサーさん、そして私の三人によるあさぼらけは、ひとまず少人数で、ああでもないこうでもないと言いながら、順調に滑りだした。私は頂いたメールはとにかく全部読んだ。本番中も放送終了後も放送前も、とにかく読んだ。私もこのスタイルの番組が性に合っていると、改めて感じることができた。

そのせいか、番組が始まってしばらくすると、当時の上司から「ディレクターをなくしたらどうでしょうか？」と聞かれたが、そのオファーは断った。コマーシャルの放送トラブルや災害時のことを考えると、さすがにそれはできない。確かに少ない人数で制作する番組の理想としては〝ワンマンＤＪ〟かもしれない。実際、あさぼらけをネットしてくださっている各放送局には、ワンマンＤＪの番組がたくさんある。ゆくゆくは、ニッポン放送でも、ワンマン専用のスタジオを作ってやっていくことがあるかもしれない。今のところ、あさぼらけは全国ネットということもあり、放送事故のないよう、安定的にお送りするために、相変わらず三人で番組を作っている。

上柳昌彦　主な番組経歴

※1981年4月1日　ニッポン放送入社

パーソナリティ

上柳昌彦のくるくるダイヤル ザ・ゴリラ（金曜二代目パーソナリティ、1982年10月-1983年3月）
上柳昌彦のオールナイトニッポン（月曜2部、1983年4月-1986年3月）
上柳昌彦のモアモア歌謡センター（1986年4月-1987年3月）
HITACHI FAN! FUN! TODAY（1986年4月-1990年3月）
ぽっぷん王国（1986年11月-1990年3月）
上柳昌彦のベストヒットサンデー（1990年10月-1992年3月）
上柳昌彦の花の係長 ヨッ！お疲れさん（1994年・1995年ナイターオフ）
うえちゃんのホッとラジオ ヨッ！お疲れさん（1996年ナイターオフ）
うえちゃんのおっかけラジオ ヨッ！お疲れさん（1997年ナイターオフ）
うえちゃんの花の土曜日おっかけラジオ（1997年5月-1998年3月）
テリーとうえちゃん のってけラジオ（1998年3月-2002年9月）
うえちゃん・山瀬の涙の電話リクエスト（1998年4月-2006年3月　中断期間あり）
うえやなぎまさひこのサプライズ！（2002年9月-2007年9月）

上柳昌彦のお早うGoodDay!（2007年10月-2010年6月）
上柳昌彦 土曜日のうなぎ（2008年10月-2009年3月）
上柳昌彦 ごごばん!（2010年6月-2015年3月）
今夜もオトパラ!（2014年・2015年ナイターオフ）
金曜ブラボー。（2015年4月-2018年9月）
上柳昌彦 あさぼらけ（2016年3月-）

アシスタントほか

玉置宏の笑顔でこんにちは!（中継レポーター）
メイク・ア・チャンス!とびだせポップシティ!!（1982年10月-1984年3月）
ヤングパラダイス（初代パーソナリティ・高原兄担当時代。ジャンケンマン）
石川秀美 みんとくらぶ（レギュラー、1984年10月-1985年4月）
井森美幸 夢色飛行船（アシスタント）
タモリの週刊ダイナマイク（アシスタント、1990年7月-1998年3月）
高嶋ひでたけのお早よう!中年探偵団（レポーター）

第2章

今日も今日とて、放送日和です

生放送のスタジオに与えられた「居場所」をかみしめて……

2016年春、あさぼらけのスタートとともに、58歳にして、朝2時半起きの生活が始まった。早朝番組の担当が決まってから、まるで哀れな人のように「おつらいでしょう」「大変ですね」と、よく言われるようになった。しかし、私自身にそんな気持ちはまったくなかった。早起きは、体のリズムを慣らせば簡単にできる。体に負担はかかっているとは思うが、習慣だからと自分を納得させていけば乗り切れるものである。さらに朝6時に番組が終わってしまえば、一日を2回、あるいは3回使うことができるおまけもついてくる。

「日の出」の時刻を意識した番組は、今までになかった。春、日の出の時刻が放送時間に入ってくるとうれしいし、夏至の時期、東京では放送開始の4時半より少し前に夜が明ける。そして、夏の終わりには、日の出が遅くなってくるので、少し寂しい気持ちになる。意外だったのは、カトリック教会の5分番組『心のともしび』だ。私は番組後半の準備をしながら聴いているが、エンディングの曲が毎年12月には「聖歌」になる。リスナーの方が教えてくれたことだが、クリスマスに合わせて聖歌が流れることで、季節を感じていらっしゃる方が結構いるのだということもわかってきた。

ただ、早朝の番組で心配していたことが2つある。一つは遅刻だ。スタッフが少ない番組だけに、私一人が欠けてしまうだけで大ごとである。もう一つは午後からお酒を飲んでしまうこと。いわゆる普通の生活をしている人とは、6時間ぐらいの時差がある。夕方の4時は、普通の感覚の午後10時ごろと同じだ。番組が始まったころは、「昼から飲んでもいいだろう」と思って、有楽町界隈の24時間営業の居酒屋さんをチェックしていたが、さすがにそれはやめた。それだけに仕事がない日の酒が、一層うまく感じられるようになった。

体づくりのためのジム通いは続けている。会社の同僚が誘ってくれたことがきっかけで、30歳すぎくらいから通い始め、すっかり習慣となっている。1990年代は宿直明けによく行ったものだ。50歳すぎから番組を始めたころまではジョギングもやっていた。一回当たり約10キロを走っていたが、さすがに今はやらなくなった。

食事は妻の手作り弁当である。番組のスタートとともに妻が弁当を作ってくれるようになった。中身はおにぎりの日もあれば、ご飯が詰められた弁当の日もある。弁当は私が寝てから夜中にパッと作ってくれているようだ。この生活になってから、夕飯は私が一人だけ早く取っている。子供たちが大きくなったこともあって、今は食事の時間がそれぞれ別々になってしまった。我が家では食事の準備が、二度手間になっていて申し訳ない。

それでいて、せっかく妻が作ってくれた弁当を冷蔵庫に入れっ放しにして、ニッポン放送に持ってくるのを忘れたことがある。それも番組開始早々やらかしてしまった。あとからごめんなさいと謝ってケーキを買って帰った。妻にはその後も大変な負担をかけ続けているが、本当に感謝の気持ちしかない。

番組が進むにつれて、朝2時半起きの生活を変えざるを得ない事態が生じた。番組宛てに頂くメールがどんどん増えてきたのだ。2時半起きではメールを読み切れなくなり、「10分早く来よう」、次も「10分早く来よう」という気持ちがこの7年半に積み重なり、今では1時20分起きになった。それでも、新聞を読む時間が短くなってきており、本当はもっと早く起きないと間に合わないのが正直なところだ。でも、自分の体調を考え、この起床時間で折り合いをつけている。

たとえ起床時間が早くなっても、これはひとえに番組宛てのメールが増えたおかげだ。こんなにうれしいことはない。この夏で66歳になった私だが、今も毎日ニッポン放送に来て、自分で番組宛てのメールを読んでいる同世代の人間は誰もいない。私は「あの人、何をやってんだろう?と思われてるんだろうな」と思いながら、真夜中のパソコンに向かっている。

実際、ニッポン放送にいても、世代交代が進んだことで、私と同じ時代を過ごし、同じものを見てきた人たちは、もうほとんど現場にはない。それどころか、定年を迎えたことで、ニッポン放送の新入社員が来ても、べつに挨拶されるわけでもなく、誰が誰だかわからないというのが、正直なところである。一方で、「この生活がいくつまで許されるんだろう?」という思いもある。それでも、リスナーの方たちから、「面白いです」「聴いてます」と言って頂けているので、もう少しは続けられるのかもしれない。

もっとも、番組宛てのメールには、私や番組に対してフレンドリーではない内容のものも届く。私はそこも含めて全部のメールを読んでいる。それと毎日向き合うことは、正直、つらい部分もある。でも、仕方のないことである。むしろ、こんなところまで一人でできるなんて、こんなに楽しいことはない。その聴いてくださっている方のメールをもとに、スタジオでマイクに向かうこと、生放送のスタジオが、やっぱり本当に私の「居場所」なのだ。私には、そこしかないのである。

朝、一人一人に届けたい言葉「今日も今日とて……」

生放送のスタジオが、私の居場所と申し上げたが、放送でいちばん気持ちが高まる瞬間は、スタジオの「カフ」をスコンと上げる瞬間だ。そしてタイトルコールで、その日の自分の体調を見極めている。

「○月○日○曜日、ニッポン放送 上柳昌彦 あさぼらーけ！」

こうタイトルコールするときの、「ニッポン」の「ポ」と、「あさぼら〜け」の「ら〜」が、スッと出るかどうかで、だいたいの体調がわかる。最近では、新型コロナウイルス感染症の療養明けの翌々週は苦労した。コロナ明けの1週間はなんでもないと思っていたが、無理をしていたのだろう。のどに負担がかかったのか、2週目に声がかすれてきた。コロナをしのいだと思ったら、声がカスカスな感じになってしまったのは苦しかった。

朝の番組を担当するアナウンサーのなかには、早く出社して、スタジオを閉め切り、発声練習をしている人も多いし、本当に素晴らしいことだと思う。私自身、昔ほど発声練習はしないが、スタジオで試しにやってみることもある。でも、いざ放送が始まり、マイクのスイッチのカフを上げたときの声は、全然違うのだ。

私は声が重く、新人のころは宿直勤務で朝、「午前5時の産経ニュースです」とやると、報道部のデスクから「声が寝ぼけてるなぁ」とよくボヤかれたものだ。だから、朝は少し高めの声でしゃべることを意識している。あさぼらけでも、5時のスポーツニュースは私が読んでいる。原稿が入ってくると、下読みをすごく高い声で読んでいる。すると、本番ではそこまで高い声ではないが、少し上がったちょうどいい具合になるということを、なんとなく自分でつかんだ。

「おはようございます！　5時を回りました。『あさぼらけ』です。上柳昌彦です。お目覚めはいかがでしょうか。今日も今日とて、（そして今週も）『あさぼらけ』、お付き合いいただきましょう」

少し前に「今日も今日とて……」と話していたところを、「今日も京都で……」とずっと聴き間違えていらっしゃった方のメールを紹介したことがある。この「今日も今日とて……」という言葉は、かつて、私が聴いていた『パック・イン・ミュージック』（TBSラジオ）の冒頭で、林美雄さんがおっしゃっていた挨拶へのオマージュだ。林美雄さんは、私の声を初めてラジオに乗せていただいた人である。

私が大学3年のころ、関東の多くの大学の放送研究会の人たちと交流するなかで、「放送井戸端会議」を企画し、ラジオドラマやCMのコンテストをやったことがある。このコンテストの審査員を林美雄さんが快く引き受けてくださり、優秀作品をご自身の『パック・イン・ミュージック』で放送してくださったのだ（詳細は拙著『定年ラジオ』を読まれたし）。林さんに自分の声を電波に乗せていただいたことが、私が

「放送の世界に入りたい」と思う動機の一つとなった。なにしろ、私自身、ラジオに育ててもらい、ラジオに救ってもらった人間の一人だ。その思いを、いつしか「今日も今日とて……」という言葉に込めるようになった。

あさぼらけの放送準備は、一人で夜中の1時20分に起きるところから始まる。2時半にニッポン放送に到着し、リスナーの方からのメールをちょこちょこ読んでいく。朝刊が届くと、新聞に線を引きながら切り抜きをやって、番組のスタートに備える。今日も今日とて……という言葉は、そのルーティンを昨日もやって、今日もやって、明日もやっていくということを、私自身が確認するために使っているところもある。

ラジオを聴いている方のなかには、早い時間に起きて、パン屋さんはパンを作り、介護のお仕事の方は、介護されている方が起きてくる前の束の間に新聞を読み、コーヒーでひと息ついている方もいると思う。「今日もまた仕事が始まる」「やれやれ、この時間から仕事だ」という、お聴きの方一人一人の気持ちを込めた言葉が、「今日も今日とて……」なのだ。今は「頑張れ！」という時代ではない。「やれやれ」という気持ちと、「まあ、それでもなんとかやっていきましょうよ、今日も」という気持ちを、この言葉から酌んでいただけたら幸いである。

一方、番組最後の「今日も一日、ご安全に」という言葉は、『うえやなぎまさひこのサプライズ！』（２００２〜07年）のときに、リスナーの方から教えていただいた言葉である。午前10時の時報前に、「10時前のいっぷくいっぷく」というコーナーがあった。２００４年にニッポン放送が有楽町に戻ってきたころは、隣のペニンシュラ東京もまだなく、定刻通りであれば、九州の大分から一晩かけて上ってきたブルートレイン「富士」（２００５年からは「富士・はやぶさ」）が、空き地越しによく見えていた時間帯である。

番組では、職人さんが10時になると〝一服〟するとメールをいただいた。メールによれば、午前10時と午後3時に一息入れて、その後の仕事の段取りを互いに打ち合わせるという。私はそのあたりの事情にまったく疎かったのだが、なんとなく、10時前後になると、大工さんや庭師さんが、みんなで集まってタバコを吸っている光景が思い出された。すると、職人さんからまたメールが来て、この打ち合わせの場では、シメに「ご安全に……」と言うのだということを教えてもらった。もともとは、ドイツの炭鉱で使われていた挨拶だそうで、それをドイツで聞いた日本の財閥関係者が日本語に訳し、炭鉱で言うようになったという。それがいつしか、工場や建築、建設、道路といった現場で、使われるようになったそうだ。この職人さんから『ご安全に』という言葉、いいでしょう？」と言われ、私もあさぼらけのエンディングで使うことにしたのである。

あさぼらけは、『サプライズ』以来、約10年ぶりの一人しゃべりの番組となった。58歳になって、また一人しゃべりの番組ができるとは思っていなかったので、うれしかったが、事情を打ち明ければ相方をつけようにも予算がなかったのだ。一人しゃべりの良さは、リスナーと徹底的に向き合ってしゃべることにある。一方、パートナーのいる掛け合いは、丁々発止の突っ込んだり突っ込まれたりというところがいいと思っている。ただ、今は言葉ひとつで、パワハラと言われる可能性があり、さじ加減が難しい。私は両方とも楽しいし、どちらにも良さがあると考えている。『サプライズ』からあさぼらけに受け継がれたものも多い。「うえちゃん、いま何時？」という時報のジングルは、『サプライズ』時代、当時の松島ディレクターが作ってくれたものだ。これをあさぼらけ初代チーフの石田ディレクターが、どこからか探してきてくれた。

2017年10月から復活し、今も5時台に使っている。

ただ、「うえちゃん」と呼ばれることは、今でも少し照れくさい。ニッポン放送の社内では、ずっと上柳さん、上柳昌彦さんと呼ばれているが、新入社員のころ、同期からは「うーさん」と呼ばれていた。一方で、先輩方は「うえちゃん」と呼んでくださっていた。自分で「うえちゃん」と名乗るのは気恥ずかしかったが、ニッポン放送では今仁哲夫《いまにてつお》さんが「ご存知、てっちゃんです」と『歌謡パレードニッポン』でおっしゃっていた。私は「てっちゃんはいいけど、うえちゃんは……」と思いながら、この年まで「うえちゃん」になってしまったので、もういっか！となってしまったのが、正直なところだ。

余談だが、私はマイクネームがもらえなかった世代だ。ニッポン放送の名物ディレクター、ドン上野さんが、高嶋秀武アナウンサー（当時）に「高嶋ヒゲ武」と名づけたのを皮切りに、高橋良一アナウンサーに「くり万太郎」と名づけ、くり万さんと呼ばれるようになり、波多江孝文アナウンサーに「はた金次郎」と名づけて二人で売り出していた。ただ、私も「いつかマイクネームをもらうことになるのかな」とぼんやり思っていた。私も「上柳昌彦」は言いにくい、覚えにくい。自分の名前としては好きだが、活字でも話し言葉でも、硬い、長い、言いにくいという悩みがあった。ところが、私の代から突如としてマイクネームがなくなってしまったのである。後輩でも、荘口彰久アナウンサーが、「音太《おんた》」というマイクネームでやっていた時期があった。垣花正アナウンサーも「ＬＦクールＫ」の時代があった。

『サプライズ』から受け継がれたものとして、「舟唄を聴く会」も書き記しておかねばなるまい。「舟唄を聴く会」は、私の番組のその年最後の生放送のなかで、八代亜紀さんの『舟唄』をフルコーラスでかけて、ただただじっくり聴くという会である。きっかけは2004年末、お台場から有楽町に戻ってきて間もないころの『サプライズ』での出来事だ。ディレクターのN女史が、『舟唄』をかけて、アシスタントディレクター（AD）のNに、「ワンコーラス（一番）でしぼっておいて」と指示を出した。N女史は、私との打ち合わせのためスタジオに入り、サブ（副調整室）にはADとミキサーの女性（当時、ともに20代前半）だけが残された。『舟唄』といえば、間奏のセリフが聴きどころである。ところが一番のメロディが終わったところで、スーッと音がしぼられてコマーシャルが始まってしまった。私が曲に入る時間を間違えたか、ディレクターが時間の計算を間違えて、しぼらざるを得なかったのかなと思っていた。しかし、CUEシートにはセリフが終わったタイミングの時間が書かれていた。じつは若いADが、『舟唄』の時間を確認するのを忘れてしまい、思い込みでメロディをしぼってしまったのが、事の真相である。

この時は、てっきりセリフが来ると待ちかねていたスタジオの私もディレクターもあ然とした。それ以上にリスナーからの抗議のメールや、当時はファックスも山のように届いた。私も「すいませんでした。改めてもう一度必ずおかけします」と放送で伝えた。そこで放送に比較的余裕のある大晦日に『舟唄』を改めてかけたところ、一年の思い出がぐるぐるっと走馬灯のように頭を巡って、本当に心に沁みた。そこで「毎年最後の出演日に『舟唄』をかけよう」となって、現在に続くのである。

「舟唄を聴く会」は、その後も『お早うGoodDay!』『ごごばん!』『今夜もオトパラ!』と、途切れることなく受け継がれ、今はあさぼらけで大晦日かその年の最後の生放送で行っている。私が40代のときに、ほんの偶然から始まって、早いもので今年が20回目になる。この20年、聴いているリスナーの世代も変わっていると思う。年齢を重ねて病気がちな人が増えたり、ライフスタイルが変わったことで、『舟唄』の聞こえ方が変わっているかもしれない。でも、大晦日に『舟唄』を聴くことで、リスナーの方も「やっと、ここにたどり着いた」と本当に思ってくださる。私自身もそうだ。特に60代になって大病（前立腺がん、下垂体腺腫卒中）を2回やってからは、普通の暮らしを普通に送っていることが奇跡だと思える。それだけに、大晦日の『舟唄』がより一層感慨深い。八代さんご自身には一度、私の番組にお越しいただいたことがあるが、くしくも今年は、体調を崩されて年内の活動を休止されている。「必ず元気になって帰ってきます」と話されているが、無理はせず、お大事になさってほしい。そして、あの歌声を聞かせてほしいものだ。

ちなみに、年度末の3月に開催している「制服を聴く会」も、『サプライズ』からの引き継ぎと記憶している。もともとは1991年3月、新宿に東京都庁ができた時に担当した特別番組がきっかけだ。番組では夕日を見ながら、最後に吉田拓郎さんの『制服』をかけた。歌自体は私も知っていたが、これといって思い入れのある曲ではなかった。しかし、放送で聴いていると、3月31日から4月1日にかけて、集団就職をモチーフに、就職した人の暮らし向きが変わっていくことを、歌っていることがわかる。すると、番組のTディレクターと作家のHさんが、「最後は制服だよね」と言ってかけた曲なのだが、実際に放送に流れると夕日を眺めながら、二人のオッサンが涙ぐんでいるではないか。それを見て、私もいい曲だと思うようになっていった。年末に「舟唄を聴く会」ができたことで、年度末にも、何か曲が欲しいと思うようになる。そこで私の担当する番組では、3月31日、または最も近い3月末の放送日に、吉田拓郎さんの『制服』をかけるようになっていった。

ラジオ長屋のお隣さん
～「オールナイトニッポン0（ZERO）」のみなさん～

ニッポン放送のアナウンサーは、つくづく特殊な仕事だと思う。そもそもスポーツアナウンサー以外で、定年まで会社にいて、それまで番組が続いていた男性アナウンサーは私が知る限り、『歌謡パレードニッポン』を担当された今仁哲夫さん以外にはほとんどいらっしゃらないと思う。フリーアナウンサーになるか、あるいは人事異動でアナウンサー職ではなくなり、ほかのセクションに移ってしまう。それゆえ、私が定年までニッポン放送のアナウンサーとしていられたのは珍しいといわれる。私自身は単に要領が悪くて、勇気がなかったからだと思っているが、それでも66歳になった今もしゃべる場所があり、ニッポン放送に居場所があることは、素直にうれしい。

スタッフが調べてくれたところでは、今仁哲夫さんが今のあさぼらけの時間を担当されていた1998年に平日の早朝番組の放送開始時刻が繰り上がり、初めて午前4時30分になったという。それまでは、私がオールナイトニッポン（2部）をやっていたときと同じように、『ビタースイート・サンバ』が流れた後、ニッポン放送のコールサインと君が代が流れ、5時の時報となって、朝の番組が始まっていた。パーソナリティのあいさつも君が代を挟んで、「こんばんは、おやすみ」から「おはようございます」に変わり、番組の流れはここで分断されていたのだ。

しかし、朝の番組が4時30分スタートになってからは、『ビタースイート・サンバ』のエンディングテーマが終わると、あさぼらけもコマーシャルが入ることなく、いきなり立ち上がる。それゆえ、番組を立ち上げたときには予想もしなかったオールナイトニッポン、特に直前まで放送しているオールナイトニッポン0（ZERO）のパーソナリティのみなさんとのつながりが生まれた。

最初に交流が生まれたのは、3人組のロックバンドWANIMAのメンバーである。『WANIMAのオールナイトニッポン0（ZERO）』（2016〜18年）のエンディングで、メンバーが「この歌歌ってみて！」と言ってきたのに応えて、私がどんな歌かは忘れたが、歌ったのがウケたようで、彼らは毎回何かしらのむちゃぶりをするようになっていった。

実はWANIMAのメンバーの第一印象は、〝とても怖い人〟だった。「もしも、街中でこの人たちに出会ったらカツアゲされそうだ」とすら思ったほどだ。でも、その印象は間違いであると、番組が始まってすぐに知ることになる。2016年4月14日から16日にかけて「熊本地震」が発生した。彼ら3人は熊本の出身。地震直後のオールナイトニッポン0（ZERO）の放送は、録音でオンエアされる予定だった。しかし、彼らは急きょニッポン放送に来て、番組の冒頭の声を新たに録り直した。そして、熊本で地震に遭った人たちにメッセージを伝えたのである。心が込もったとても素晴らしいメッセージだった。彼らは人がつらいときにしっかりと寄り添うことができる人たちだと気づいて、私はグッと気持ちが近くなった。この時以来、親しみを込めて、私は〝WANIMAの兄ちゃんたち〟と呼ばせていただいている。

あさぼらけも、最初はタイトルコールから始まっていたが、前の番組で盛り上がっていた話題について、私が何か言ったりすると、ツイッター（現・X）でオールナイトニッポンのリスナーのみなさんが、「あのオジさんがウケてくれた」と言って喜んでくれてSNS界隈が賑やかになった。もちろん私はオールナイトニッポンを聴きながら、あさぼらけの準備をしている。聴いていて、面白かったところを、番組冒頭でもう一度言ってみたら面白がってくれたというわけだ。私はラジオを聴きながら何か作業するのは、中学生のころからずっと続けているので、お手のものだ。それが『CreepyNutsのオールナイトニッポン0（ZERO）』（2018〜22年）の「クイズ 上柳昌彦あさぼらけ」につながっていくのである。このCreepyNutsの歌に勇気づけられた話は、また、章を改めてお伝えしたい。

聴いていて感じるのは、オールナイトニッポン0（ZERO）は、私がやっていたオールナイトニッポン（2部）とは、少し性格が異なるということだ。かつての2部は、入社3年目の私のようなペーペーがやる番組だった。世間的には誰だかわからない人が出てきて、そこから売れたり、消えていったりしていた。でも、今はスポンサーもついて動画も配信している。大変な時代になったものだ。現在の月曜日のパーソナリティのフワちゃんは、多忙な方なのに、「絶対にラジオをやりたい！」と強い思い入れとともにマイクの前に座っている。それでいながら体も鍛えて、本物のプロレスにも取り組んでいた。本当にすごいと思う。

フワちゃんとともにしゃべりがうまいのは、火曜日のパーソナリティ、あのちゃんだ。放送を聴いていない方にとっては、〝あのフニャフニャした感じの子でしょ？〟という評価かもしれないが、じつはフリートークにすごい能力がある。

あのちゃんは2023年夏、北海道にできた新しい野球場・エスコンフィールドで始球式をやった。それに先立ちエスコンフィールドのマウンドに上がってくださいと言われたが、そもそもあのちゃんは野球をまるで知らない。エスコンフィールドもマウンドもわからないのだ。番組では、あのちゃんは「わからない」ということだけで50分もフリートークをしてしまった。アナウンサー出身の私は50分の放送をやるのに、「知っている」「調べて知っている」という状態にして、トークを展開していく。でも、あのちゃんは、「わからない」ということだけで、話をどんどんどんどん転がしていった。これはすごい人だと聴き入ってしまった。

あのちゃんには、鶴瓶さんの『日曜日のそれ』にも来ていただきお話をうかがった。学校に通えず、一日中家にいた時期があったことや、「音楽をやりたい」と立ち上がったことなど、時としてつらい経験談を、鶴瓶さんの前でサラッとしゃべっていた。私がかつてラジオに救われ、この世界に居場所を見つけたように、あのちゃんは音楽の世界にまず居場所を見つけたのだと思う。一人一人がエイッと立ち上がっていけば、きっといつか世の中のどこかに居場所は見つかる……そう思いたい。

私は音楽番組をやっていたこともあって、ミュージシャンの方へのインタビューは得意なほうだと思っているが、芸人さんへのインタビューは苦手だ。笑いのある、楽しいインタビューでいいのか、売れない時期の話をしっかり聞いたほうがいいのか、正直、いまだにどうやっていいのかわからない。最近、夜は早く寝てしまうので、芸人さんたちが出演している夜中のバラエティ番組をあまり知らないこともある。もちろん、お笑いの人たちと同じ方向を向いて番組をやるのは楽しい。鶴瓶さんしかり、タモリさんしかり。でも、インタビューとなると別である。

その点、オールナイトニッポン0（ZERO）水曜日のパーソナリティでテレビプロデューサーの佐久間宣行さんが芸人の方にインタビューしているのは、とても面白い。佐久間さんと芸人さんたちは、長年の戦友ゆえ、「そもそも話」ができる。『ゴッドタン』（テレビ東京）で売れない時期からめちゃくちゃ苦しみながら、芸人さんたちのいいところを引き出そうとして佐久間さんは番組を作ってきた。芸人さんたちも、それに応えようと頑張った。そこには、喜びや悲しみが全部詰まっている。それはもう、聴きごたえのある話になる。あんなインタビューは、私にはまずできない。

そして佐久間さんと私が急遽スタジオに入ることになったのが、喉が少し不調になったときの乃木坂46久保史緒里さんのオールナイトニッポンだった。初めてお会いしたときにはこんなに華奢な人が夜中の2時間を乗り切れるのだろうかと思ったが、しかしそれは杞憂であるとすぐにわかった。聴いているあなたの隣で語りかけるという、ラジオにとって大切な雰囲気を自然に醸し出せる人だったのだ。先日、劇団☆新感線の舞台も拝見したが名うての役者さんがそろう中での凛とした存在感は素晴らしいものだった。そして今冬には「ラジオ・チャリティ・ミュージックソン」のメインパーソナリティを担当することに。「華奢」などと表現してしまったことを今では大いに反省している。

名曲にある物語「ウルトラヒットの道標」が生まれた理由

あさぼらけでは、おおむね4時台に3曲、5時台に1曲をかけている。もちろん4時台の放送がない月曜日は、ほぼ1曲である。このうち、4時台の1曲目だけは、ディレクターとの間で新曲をかけようと決めている。単純に私が新曲を聴きたいからだ。加えて、オールナイトニッポン0（ZERO）の内容を受けるので、リスナーのみなさんがそのままあさぼらけを聴いてくれたらうれしいという思惑もある。私自身、笑福亭鶴瓶さんとの番組をやっているが、鶴瓶さんは本当に新しい曲をよくご存じだ。最近、朝ドラ『らんまん』の主題歌を手がけたあいみょんさんを最初に聴いたのは、鶴瓶さんがきっかけだ。

Ｖａｕｎｄｙ（シンガーソングライター）も、鶴瓶さんがいち早く「ええな！」とおっしゃっていた。若い世代では、紅白歌合戦にも出られた米津玄師さんや藤井風さんは、改めてすごいと感じる。あさぼらけの年配のリスナーの方でも、パッと飛びついて、リクエストをいただくことが多い。

ちなみにあさぼらけでは、2曲目以降は基本、リスナーの方からのリクエスト曲をかけている。１９７０年代のラジオで流れていたロックやポップスをかけると、しばらくは同じ時代のリクエストが続く。一方、歌謡曲をかけると、歌謡曲のリクエストをいただくことが多い。なお、水曜の「あけの語りびと」でかける曲はディレクターが選曲している。どの音楽でも、その日にかける曲として何がいいのか、頭を捻るのが、私やスタッフの楽しい時間なのだ。

こうした日々の放送内容の積み重ねが、2カ月に一度のスペシャルウィーク（聴取率調査週間）につながっていくのが理想ではあるが、そこはニッポン放送、お祭り好きな放送局である。あさぼらけでは、聴取率調査週間のたびに、様々なゲストの方にお越しいただいている。そして試行錯誤を繰り返したのち、2017年10月、二代目の賀茂チーフディレクターのときになって、「ウルトラヒットの道標」という鉱脈にたどり着いた。この企画は、大ヒットをお持ちの著名なミュージシャンや歌手の方に、そのヒット曲の「そもそも話」を聞いていこうと始まったものだ。

最初に話をうかがったのは、布施明さんである。その直前、賀茂ディレクターが、布施さんと仕事をしていて、1975年の日本レコード大賞で大賞を受賞した『シクラメンのかほり』という曲には、いろんな誕生秘話があるということを改めて聞く機会があった。例えば、歌詞にある「うす紫のシクラメン」（真綿色したシクラメン）は、歌ができた当時はまだなかったとか、シクラメンという花には本当は香りがないといったエピソードが目白押しだった。ところが、『シクラメンのかほり』が大ヒットしたことによって、うす紫のシクラメンが作られるなど、いろんなストーリーが生まれていったという。私も改めて聞いてみたくなって、すぐに「いいんじゃない！」と返事をして始めてもらった。

この仕事を始めて40年近くたつと、歌い手の方にヒット曲のそもそも話をあえて聞くことはない。それは、長年芸能界で活躍されてきた方に対し、失礼になるのではないかと考えてしまうからだ。特にこの業界が長い人ほど、ヒット曲の〝基本的な情報〟について、「そんなことも知らないの？」と、思われることが多い。でも、「あえてお聞きします」というかたちで展開すると、じつは歌い手の方々も、自らのヒット曲についていろいろお話しされたいのだということがわかってきた。

例えば、２０１８年2月に吉幾三さんにお越しいただいたときは、千昌夫さんにお金を借りてなんとか生きながらえたというエピソードを、号泣しながら語ってくださった。しかし、その話は吉さんテッパンの〝持ちネタ〟だということも後からわかって、二重にビックリさせられた。２カ月後の4月には、加山雄三さんにお越しいただいて、「光進丸」にまつわるエピソードをたっぷりお話しいただいたが、放送直前に光進丸が火事になってしまう不運があり、残念ながら放送ではご紹介できなかった。

その年の6月には、私をラジオの世界に引き込んでくださった一人、南こうせつさんをお招きしたが、こうせつさんの『パック・イン・ミュージック』を聴いて育った人間には、思い入れが強すぎて、私ばかりしゃべってしまったことを大反省した。

「ウルトラヒットの道標」が成立するベースには、『HITACHI FAN!FUN!TODAY』（1986〜90年）と『ぽっぷん王国』（1986〜90年）という音楽番組の経験があると思う。『FAN!FUN!TODAY』のジングルやテーマソングは、当時デビューしたばかりの久保田利伸さんが作ってくださった。同志のような関係と言ってもいい久保田さんには、2019年に「ウルトラヒットの道標」にもお越しいただいた。

思えば『FAN!FUN!TODAY』は、ちょうどバンドブームと重なった時期で、音楽シーンも活発だった。いろんな人に出会えたうえに、当時の方々がずっと現役で活躍されており、今でも私のことを憶えてくださっている。アナウンサーとしては曲の紹介の仕方も勉強になった。私は曲紹介は決してうまくはないと思っているが、この曲を「いま」かけるのには意味があるのだと伝えたうえで、ラジオから曲が流れてくれれば、初めてラジオをつけた方でも「耳を傾けてみよう」と思ってくれるのではないかと思う。当時、TBSラジオで真裏の時間帯に松宮一彦さんがやっていた『サーフ&スノー』という正統派の音楽番組とは違った、トーク主体の番組ではあったが、あの時にわずか4年間でも、音楽番組をやっておいてよかったと、改めて思う。

2021年にお越しいただいた音楽プロデューサーの本間昭光さんは、前年の「有楽町うたつくり計画」でのご縁である。三菱地所さんが「有楽町の歌を作ろう」というプロジェクトを立ち上げ、これにニッポン放送も参加し、いろんなバンドが集まった。私も最終選考会の司会を担当した。この時、最優秀賞に選ばれたのが、滋賀県出身の同志社大、鳥取大、滋賀大の三人による学生たちのバンド「ゴリラ祭ーズ」である。受賞が決まった彼らは、就職せずに音楽でいくと話していたことから、応援の意味を込めて『有楽町のうた』をあさぼらけのエンディングテーマとして、堀尾和孝さんの『Strike』とともにかけるようになった。私は『有楽町のうた』のレコーディングに立ち会った。レコーディングは「音響ハウス」という坂本龍一さんやユーミンさんが愛してやまないスタジオで行われた。ゴリラ祭ーズのメンバーは物おじせず、のびのびと楽しそうにやっていたのが印象深い。ビラ配りで始まる歌詞は斬新だし、サビの歌詞、メロディも、有楽町の風景が頭のなかで映像にしやすい歌だと感じている。

そして、2023年4月の「ウルトラヒットの道標」は、久しぶりに中島みゆきさんにお越しいただいた。私がオールナイトニッポン（2部）をやっていたときの1部が中島みゆきさんで、あさぼらけを始めた当初は、月に一回、月曜の5時直前まで「オールナイトニッポン月イチ」を担当されていた。今年はみゆきさんのご提案もあり、私が調べに調べたインタビューとは違ったことをやってみようとなった。そこで、みゆきさんとの雑談をベースにしたミニ番組を毎日制作、リスナーの方からは雑談のテーマやミニ番組のタイトルをメールで寄せてもらった。その名も、「中島みゆきと上柳昌彦の今週だけヨ」と題して収録・放送してみると、インタビューの型に収まらないスタイルに手応えを感じることができた。続く6月のスターダスト☆レビューの根本要さんにも、リスナーの方から要さんにまつわるエピソードを送っていただいて収録すると、すごく楽しい番組に仕上がった。

改めて、あさぼらけのリスナーの力は大きいと感じる。私ならばあえて聞かないような〝質問の壁〟を、リスナーの方は、いとも簡単に乗り越えてくれる。私がそれを拾ってみると、やはりいい話を聞くことができる。例えば、40年来のお付き合いがあるTHE ALFEEのお三方に、私だと「若さの秘訣は何ですか？」という質問はしにくい。でも、リスナーの方の質問としてぶつけてみると、いろいろな話をしてくれた。明治学院大学時代のお話も、「明学時代、ALFEEのみなさんがキャンパスを歩いているのを見た」「高見沢さんの名前がいつも張り出しの掲示板にあって、出頭を命ずと書いてあった」といった面白い話がどんどん出てきた。本当にこの番組は、リスナーのみなさんのメールをもとにすると話が転がっていく。「ウルトラヒットの道標」も、しばらくはこのテイストでやっていきたいと思っている。

「上柳昌彦あさぼらけ」タイムテーブル（火曜～金曜日）

AM2：30	上柳昌彦アナウンサー、 ニッポン放送入り 
AM2：45	パソコンの前でメールチェック 
AM4：00	朝刊到着、切り抜き作業 
AM4：20	ディレクターとの打ち合わせ
AM4：30	全国31局に向けて「あさぼら～け！」タイトルコール、 番組スタート 
AM4：40	朝一番のニュース 

AM5：00	5時のオープニング	
AM5：03	産経新聞ニュース 〜スポーツニュース	
AM5：15	日替わりコーナー （月・金）食は生きる力 （火）日替わりコーナー （水）あけの語りびと （木）観音温泉るんるんタイム	
AM5：35	心のともしび	
AM5：45	新聞チョキチョキ	
AM5：50	ラジオリビング	
AM5：55	ゴリラ祭ーズ「有楽町のうた」が流れ、エンディング	
AM6：00	放送終了〜お疲れさまでした！	

第3章

リスナーの朝、それぞれの朝

「あけの語りびと」特別編

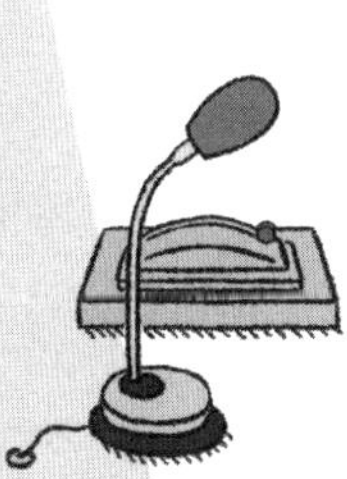

リスナーの方の物語を知りたい

あさぼらけの番組開始当初から今も続くコーナーが、毎週水曜日5時15分すぎからお送りしている「あけの語りびと」である。「あけの語りびと」は、社会で一生懸命に頑張っている方や心温まることに取り組んでいる方々にスポットを当てて、長年一緒に番組を作ってきた放送作家の水野十六《みずのとむ》さんと日高博さんが取材して文章にまとめたものを、私が生放送で朗読するコーナーである。水野さんは2021年にこのコーナーを引退されて、現在は望月崇史さんが加わっている。

もともとは『うえやなぎまさひこのサプライズ!』で放送していた「10時のちょっといい話」がルーツだ。幸いスポンサーにも恵まれ、『車いすのパティシエ』というタイトルにまとめて出版することもできたコーナーである。朗読のコーナーは、続く

『お早うＧｏｏｄＤａｙ！』には受け継がれたが、残念ながら『ごごばん！』『今夜もオトパラ！』では放送することができなかった。

ちょうどあさぼらけが始まるとき、ニッポン放送のホームページがリニューアルされて、様々な連載企画が求められていた。その責任者だった鳥谷さんから「朗読のコーナーを作りませんか？」と提案された。そこで、初代チーフの石田ディレクターが「あけの語りびと」というタイトルを考案、久しぶりの朗読のコーナーが始まった。

アナウンサーである私は、ナレーションも好きであり、以前からきちんとした「朗読」をやりたいと思っていた。シンプルに朗読が好きだからだ。「あけの語りびと」では、あえて下読みはあまりしない。できるだけ初見の感じで、書いてあるものを読んでいる印象を与えないような朗読を心がけている。だから、私がびっくりした心の動きも、そのまま放送に乗せることができる。もちろん、放送として完璧を目指すなら、事前にキチンと収録してお送りすることも可能だ。しかし、読み間違えてしまうこともアリにして、生で放送していることを大事にしたい気持ちがある。おかげで、番組宛てのメールにも「あけの語りびと」への感想は、本当に多く頂いている。

正直、私も朗読の途中で泣きそうになるときがある。『サプライズ』のころには、感極まって思わずウッ！となってしまったこともあった。『ラジオビバリー昼ズ』の高田文夫先生も、ご飯を召し上がりながら、私の朗読を聴いてくださっていらしたが、「うえちゃん。演者は泣いちゃダメ」とおっしゃってくださった。

この本の出版に当たって、頻繁に番組にメールなどを送ってくださっているリスナーの方々は、いったいどのように朝を過ごしているのか、どんな事情であさぼらけを聴くようになったのか、メールを寄せていただいた。そのメールをもとに、作家の日高さんと望月さんが、改めてリスナーの方に取材を行って、文章にまとめてくれた。あのラジオネームの方は、いったいどんな事情で、どんな朝を過ごしているのか？まさに、それぞれの朝は、それぞれの物語を連れてやってくる。書籍版『あけの語りびと』、始まりだ。

祖父が開拓した土地を、次の世代へつなぎたい！

～ラジオネーム・モウモウモウさんの朝～

日本一の富士山が間近にそびえる、静岡県朝霧高原。標高約800メートルの高原で、乳牛60頭と一緒に朝を迎えているのが、ラジオネーム・モウモウモウさんこと、後藤康弘《ごとうやすひろ》さん、酪農業三代目の58歳だ。寝床のアラームが鳴るのは、午前4時20分。すぐにラジオのスイッチを入れて、イヤホンで『上柳昌彦 あさぼらけ』を聴きながら朝の身支度、軽めの朝食をすませて、5時30分には、お腹をすかせた牛たちが待つ牛舎へと向かう。

後藤家のルーツは、信州・伊那谷《いなだに》の最南端・天龍村にある。戦前は天龍村をはじめ、下伊那地方の町や村から、多くの人が満州へと渡った。しかし、1945年8月、ソ連軍が満州へと攻め入り、一気に家族はバラバラになってしまう。後藤さんの祖母と父は、命からがら日本に引き揚げてくることができたが、祖父は、ソ連の収容所に送られて、帰国できたのは、終戦から約2年がたった1947年だった。

ようやく日本で、一家水入らずの平和な時間がやってきたと思いきや、戦後の伊那谷には、もはや満州から引き揚げてきた人たちの居場所はなかった。信州の引き揚げ者たちを救ったのは、国の肝入りで始まった富士山麓の緊急開拓事業である。入植した仲間とともに後藤さん一家も最終的に、静岡県富士郡上井出村、いまの富士宮市に移り住むことになった。シベリア抑留から解放されたばかりの祖父は、その疲れも癒やせぬまま、自らの手で水道を引き、電気を起こして、新たな住処を建てていった。

当初は食糧増産を目的に始まった富士山西麓、いわゆる西富士の開拓事業だが、富士山の火山灰が多いやせた土地であるがゆえ、畑作は思うように進まない。そこで、開拓農家ではまず「土地を肥やそう」となった。このときに牛を飼い始めたのが、朝霧高原における酪農の始まりである。後藤家にも2頭のジャージー牛がやってきた。やがて、乳量の多いホルスタイン種に切り替えて、ようやく新たな暮らしは軌道に乗った。

1965年、そんな後藤家に生まれた康弘さんであるが、乳牛の世話のために家族旅行はおろか、遊びにも連れて行ってもらえない幼少時代を過ごす。自然と家で流れていたラジオが娯楽になった。当時は開拓農家の若い世代も家業を継ぐのが当たり前の時代。近所の先輩の背中が大きく見えるようになった。康弘さんも、地元の農業高校、大学の農学部を経て、酪農の道を歩み出すことになった。

朝霧高原では、全国的には珍しい自給飼料型の酪農が行われている。つまり、乳牛を飼育するだけでなく、牛のエサとなる牧草の栽培も大事な仕事なのだ。気をつかうのは、牧草の刈り取り。いい天気が続くなか、刈り取った牧草を軽く乾燥させて密封し、ロールサイレージとして収穫する。刈り取り時期は、5月下旬、6月から7月、そして8月下旬の年3回。特に6月から7月にかけては、天気図を読み解きながら、梅雨の中休みを活用しないといけない。このタイミングひとつで、牛にとっていいエサになるか、悪いエサになってしまうかが決まってしまう。いいエサにならないと、それは牛乳の品質に直結してしまうのだ。

酪農業の一日のスケジュールは、朝5時半から9時ごろまで牛舎の掃除、牛のエサやり、そして搾乳と続いていく。午後は、夕方4時半ごろから夜9時ごろまで、朝と同じ作業をもう一回。夕方は一日分のエサを与えるので、朝より少し時間がかかる。

牛の命を預かるなかで最も大変なことは、やはり出産である。約280日の妊娠期間が終わるころは、気を抜くことができない。出産には立ち会いが必要だ。もしも逆子だった場合は、仔牛が窒息しないように一気に引き出す。それだけに無事、仔牛が生まれてくれたときの安堵感はひとしおだという。

最近、牛舎に防犯カメラを設置した。防犯カメラの映像は、インターネット回線を通じてスマートフォンでチェックできる。おかげで身ごもっている母牛の様子を自宅にいながら確認できるようになった。じつは、酪農業でもＩＴ技術を活用した取り組みが進んでいる。

ただ、自然の猛威の前には、人はなすすべもない。10年ほど前の冬、富士山周辺でも2メートル近い積雪を記録した。あまりのドカ雪に、康弘さんは家から出るのも大変になってしまった。牛舎周辺の除雪作業をして、徹夜でエサを作り、腹をすかせた牛たちが待っている牛舎でエサを与えることができたのは、明け方近くだった。その間、ラジオからはずっと生放送の声が流れていた。ラジオの向こうにも今、起きている人がいると思えるだけで、救われた気持ちになった。

「あと15年は頑張れそうだ」と話す後藤さんだが、大きな心配ごとがある。後継者のことだ。後藤さんには4人のお嬢さんがいる。しかし、今のところ後継者として手をあげた娘さんはいない。ただ、後藤さんは、満州から引き揚げてきた祖父が血のにじむような思いでこの土地を切り拓いたと聞かされて育ってきた。それを思えば、簡単に「廃業」とは口にしたくない誇りがある。

「酪農が若い人たちにも魅力的に感じられるように、一生懸命仕事に励むしかありません」

酪農の仕事を次の世代へつなぐために、後藤さんは今朝も富士山の頂を望みながら、牛舎へと向かっていく。

ラジオネーム・モウモウモウさんこと、後藤康弘さんの牛舎

「盲目は不自由なれど不幸にあらず」
～石川毅《つよし》さんの朝～

あさぼらけの金曜日、翌週のメールテーマを発表すると、毎週のようにメールを送っていただくのが東京都中野区の石川毅さんだ。とても丁寧な文章で、誤字脱字もなく、エピソードが豊富で読み応えがあり、文末はいつも「長いメールになってしまいました。申し訳ありません」と結ばれている。その石川さんが目の不自由な方だと知ったのは、しばらくたってからのことだった。

昭和33年生まれの石川さんは、少年時代、長嶋茂雄が大好きで、馬場、猪木、テリー・ファンクが活躍したプロレスにも熱狂し、大人になったら飛行機に乗って世界を飛び回りたい、そんなことを夢見ていた少年だった。

大学を卒業後、その夢が叶って日本航空に就職（上柳と同年入社）。日本航空では1年半ほど、研修を兼ねて国際線の客室乗務員をしていた。ところが30歳のとき、駅からバイクに乗って社宅に帰る途中、前方に停車していたトラックの荷台から飛び出していた鉄骨に気づかず、そのまま激突。一瞬で視力を失ってしまった。

退院後、社会復帰するため埼玉県所沢市にある「国立障害者リハビリテーションセンター」で職業訓練を受けることになった石川さん。点字がなかなか身につかず、もがき苦しみながらも必死の努力を続け、6年かけて国家試験「あん摩マッサージ指圧師・はり師・きゅう師」を取得した。

航空業界は客室乗務員や整備士など腰痛に悩む職員が多く、鍼灸師で雇ってもらえたら、再び日本航空に復帰できるかもしれない。しかし当時の制度では、ガイドヘルパーが付き添う通勤は認められておらず、復帰は叶わなかった。

その後、石川さんは特別養護老人ホームに採用され、ホームで暮らすお年寄りのためのマッサージ師として、8年間働いた。現在は地元の中野区から委嘱されピアカウンセリングを担当している。ピアカウンセリングのピアとは「仲間」や「対等な立場の人」という意味があり、石川さんは視覚障がいがある同じ仲間として、相談や悩みを聞いて、最善の方法をアドバイスしているという。

「体が不自由になっても、人のために役に立てることがあるんだなと実感しますね。特別養護老人ホームでは『あなたがこの施設をやめるなら、あなたの腕だけは置いてってよ』とお年寄りが冗談半分で言うんですよ。あの言葉もうれしかったですね。私のことを頼りにしてくれていたんですね。人から必要とされることが、生きていく糧になるんだなと感じましたね」

日ごろ、石川さんが楽しみにしているのがラジオ。視覚障がい者にとってラジオがいちばんの情報を得る手段だという。

「最初に聴いたラジオは、私が失明したのとちょうどスタートが同じごろだった永六輔さんの『土曜ワイドラジオTOKYO 永六輔その新世界』でしたね。永さんは障がい者に対して温かい心を持っていたのでよく聴きました。上柳さんの番組は『テリーとうえちゃんのってけラジオ』が最初だったと思います。メールを出すと、上柳さんが取り上げてくださることがあって、それがすごくうれしくて、そのうち上柳さんが担当する番組を追いかけていくようになりましたね」

石川さんは、音声入力で画面を読み上げるソフトで文字を打ち込んでいる。書いた文章を何度も耳で聞いて確認してからメールを送信。30歳で失明するまで、目に浮かぶ思い出がたくさんあるので、それを思い出して書き綴っているので、自然とメールが長くなってしまうのだという。思い出は石川さんにとってかけがえのない財産なのだ。

自称「うえちゃんの追っかけ」と笑う石川さんの朝は、あさぼらけを聴くことからはじまる。

「なんだろうな。あの、心から寄り添ってくれるというか、うえちゃんはすごく心が温かい方なんだろうなと思います。なかには、うわべの親切心で接してくる人って正直いるんですよ。うえちゃんの優しさはラジオを聴いていると、いろんな話から感じ取れるんです」

石川さんは音楽が好きで、あさぼらけで流れる懐かしのヒット曲や最新の話題曲を楽しみにしている。特に山下達郎さんの大ファン。あれは10年以上も前のこと、中野サンプラザで追加公演のチケットが当たって、届いたチケットはなんと最前列のど真ん中の席。

「達郎さんはアンコールが30分以上もあるんですよ。お客さんが総立ちで、最後の曲が終わったとき、付き添ってくれた義理の姉が、震えるような声でこう言ってきたんです。『達郎さんが、いまあなたのすぐ前まで来ているのよ。もう2、3歩前に出て、手を出したら、握手してくれるかもしれないわよ』と」

そう言われて、思いっきり手を伸ばすと優しく握ってくれる温かな手があった。

「あんなにうれしいことはありませんでしたね。私が目が不自由だということを達郎さんは気づいてくださったと思うんです。そしてステージで使っていたタンバリンをプレゼントしてくれて……今でも大切に持ってます。タンバリンを鳴らすと、あの感動が蘇ってくるんです。それとあの歌も……」

達郎さんがアンコールで歌った曲は『Your Eyes』だった。

石川さんには大切にしている言葉がある。それは視覚障がい者の総合福祉施設「京都ライトハウス」の創立者・鳥居《とりい》篤治郎《とくじろう》氏の言葉、「盲目は不自由なれど不幸にあらず」だ。

「うえちゃんの追っかけリスナー」こと石川毅さん

「目の見えないことは当然不自由なことだけれども、自分を不幸と思わずに、色々探ってやっていけば、必ずやりがいを持った人生を生きていくこともできる。私はその言葉を信じて、今生きている気がしています」

「あさぼらけ」のリスナーが訪ねる喫茶店

〜北海道・標茶のまみさんの朝〜

あさぼらけが開始した当初、4時台は全国9局ネット。それが2023年10月3日時点で31局に増えた。各ネット局にこの番組を支えてくれるリスナーさんがいて、番組でもおなじみなのが、北海道の「標茶《しべちゃ》のまみさん」だ。あさぼらけで「標茶」という地名や読み方を知った方も多いようだ。

標茶のまみさんは「ぽけっと」という喫茶店を営んでいる。番組リスナーさんで、何も調べもせずに、お店にうかがって驚く方が多いのだという。

「え？　こんな町の中にある喫茶店だったんですね。てっきり人里離れたポツンと一軒家のような山小屋にランプだけの喫茶店だと思ってましたよ」

「標茶」という響きが、そういうイメージを勝手に連想させてしまうのかもしれない。北海道川上郡標茶町。標茶とはアイヌ語で「大きな川のほとり」という意味がある。釧路市と摩周湖のある弟子屈町《てしかがちょう》との中間に位置する人口7000人ほどの町。釧網本線《せんもうほんせん》の標茶駅を降りると、駅前にまっすぐに伸びた一本道があり、しばらく歩いていくと釧路川が見えてくる。その先の大きな交差点の一角に白い洋風の建物「ぽけっと」がある。いわば標茶の玄関口にあるようなお店だ。

まみさんがお店を始めたのは昭和58年、オープンからちょうど40年になる。標茶に若い人たちが集まるにぎやかなお店をやってみたかったのだという。

「お店の名前を『ぽけっと』にしたのは、お洋服についているポケットって便利ですよね。みなさんが気軽に入って、心が癒される便利なところになってほしいと願って、この名前にしました。ひらがなにしたのは、柔らかい雰囲気のお店にしたかったからです」

まみさんの本名は和田山麻美。昭和36年、標茶生まれの標茶育ち。ただ高校を卒業したあと、1年ほど東京に出た期間があった。

「東京の専門学校に入学したんです。夢を持って上京したのですが、都会の生活に慣れなくて1年弱でサケのように戻ったんですよ」と笑うまみさん。

父親の実家は商店を営んでいて、そのころタバコの販売も始めた時期で、若くて愛嬌のあるまみさんは、まさに標茶の〝看板娘〟になった。ここで商売のイロハを学び22歳のとき、コーヒーショップ「ぽけっと」をオープンする。

標茶の冬の風物詩といえば、釧路－標茶間を力強く疾走する「ＳＬ冬の湿原号」。真冬にじっとカメラを構えるＳＬファンの間で人気のお店が「ぽけっと」だ。料理の仕込みをしながらラジオを聴くのが、まみさんにとっての朝の習慣である。

「なかでもカレーの仕込みって時間がかかって、どうしても早く起きないと開店時間に間に合わないんです。あれは２０１６年3月だったでしょうか、ＳＴＶラジオからあさぼらけが始まって、その時、上柳さんの声が流れてきたんです。『ああ、なんて素敵な声だろう』と思ったのが第一印象でしたね」

ついつい放送に聴き入って、笑ったり、感心したり、仕込みの手が止まることもしばしばだという。

「番組を聴いていると、上柳さんは、お話の切り返しがとっても上手で、それで番組に参加してみようと思いましてメールを出したのが始まりです。4時半から5時まで聴いて、5時からは地元のラジオ番組になっちゃうわけですが、今はradikoプレミアムを契約して6時まで楽しんでいます」

あさぼらけを聴きながら仕込んだカレーは、「ぽけっと」の人気メニューとなり、なかでもSL期間限定の「SLザンギカレー」は、新聞や雑誌で紹介されるほど話題を集めている。「ザンギ」とは、北海道名物の濃いめの味付けをした唐揚げのこと。これにイカスミを加えて、SLの燃料である石炭に見立てた。

「SLのごちそうは石炭ですから、人にもごちそうとして石炭に見立てたザンギを出したら、これがとても人気なんです。SLが走る時期の冬限定メニューなので、ぜひ、食べにきてほしいですね」

あさぼらけを聴いて「ぽけっと」にきたお客さんに、まみさんは必ず尋ねることがある。

「標茶町をご存知でしたか」と。
すると「いや読めなかったよ」とか、「初めて標茶町を調べました」という人が多く、ラジオを通じて標茶町に興味を持つ人が増えているんだ、それがとてもうれしいとまみさんは言う。

「私、上柳さんにお会いしてから、とっても人生が変わりました。あさぼらけの上柳さんのファンの方が、標茶ってどんなところだろうって、お店に来てくださったときに、『お会いしたかったのよ』って言ってくださるんです。なんか、そんなことって人生でないじゃないですか、普通の一般人ですから。きっと上柳さんの言葉が、『標茶のまみさんってどんな人なんだろう』ってリスナーさんの想像をかきたてるんだろうな、すごいな、と思いながらいつもラジオを聴いています」

喫茶店「ぽけっと」を営む標茶のまみさん

第4章

みんなで闘った病気のこと

それは激しい頭痛から始まった

激しい頭痛に襲われたのは2022年9月1日（木）のことだった。

実は前の週から少し頭が痛かった。風邪かコロナかのどちらかだと思い、木曜日のあさぼらけが終わると、早めに帰宅してベッドに潜り込んだ。しかし頭痛は一向に治まらない。鎮痛剤を飲んでも痛みは増す一方だった。

「これはただごとじゃない」と不安な気持ちがよぎった。

単なる頭痛と違って首筋が痛み、頭の側面が痛み、次々と痛みが移っていく。二日酔いとも違うし、風邪の痛みとも違う。強めの鈍痛ががんがん絶え間なく襲ってくるのだ。これまで経験したことのない痛みに私は身悶えた。

この週は、もう一日、金曜日のあさぼらけが残っていた。それもレーティング（聴取率調査）の最終日だったので休むわけにはいかない。もしコロナだったら行くわけにもいかないのだが……。

この状況を長濵プロデューサーに早く伝えたほうがいいと夜8時半ごろ、彼に連絡を入れた。

「レーティングだし、頭痛が治まれば、明日は行こうと思うんだけど……」

「いえ、大丈夫です。レーティングのことは気にしないでください。5日のうち4日はすんだのですから。いずれにせよ、代演でいきます！」

長濵Pの決断は早かった。発熱と頭痛でコロナの可能性が高いとみたらしく、すぐにニッポン放送の編成とかけ合ってくれ、その夜のうちに翌日の代演を決めてくれた。

「若手の内田アナか、新行アナも考えましたが、（春風亭）一之輔さんにお願いしました」

「え？　一之輔さん、やってくれるって？」

一之輔さんは金曜日の『春風亭一之輔あなたとハッピー！』を担当している。朝8

時から11時30分までのワイド番組で、いつも7時ごろにはスタジオ入りしている。忙しい方だから木曜の夜も仕事のはずだ。その一之輔さんに早朝4時半からのあさぼらけを本当にやっていただけるのか、半信半疑だった。

「ええ、LINEを入れましたら『僕でよければ行きますよ』と即答でした。もうられしくて泣けてきましたよ」

電話の向こうの長濵Pの声が涙ぐんでいた。彼の苦労がその声でわかった。

レーティングの最終日、一之輔さんは、若手の内田雄基アナとともに金曜日のあさぼらけを締めくくってくれた。しかし……

ホッとしたのも束の間だった。頭の痛みは激しさを増し食事も喉を通らない。水も飲めない状態で立ち上がることすらできず、ヘロヘロになっていた。これは風邪やコロナではないかもしれない。俺の頭の中はどうなっているんだ。頭を抱え、じっと横になって痛みが鎮まるのを待つしかなかった。

水も飲めないようだと脱水症状を起こしてしまうかもしれない。「観音温泉」の飲む温泉水があった。ひと口含んでみた。喉越しがやわらかく、すーっと飲めた。水分が摂れて、少し楽になった。これには助かった。観音温泉の鈴木和江会長に「うえちゃん、元気を出しなさい！」と励まされているような気がした。

鶴瓶さんが電話の向こうで怒鳴った

その夜、私の様子を心配した妻が近所の救急外来に連れていってくれた。脳のCTを撮り、解熱鎮痛剤の点滴を打った。コロナもインフルエンザも検査の結果は陰性だった。だったらこの頭痛の原因は何なんだ。ますます不安がふくらんだ。

病院から家に帰る前、長濵Pに電話を入れると、翌週から月曜日はくり万先輩（高橋良一）。火曜日は煙山《けむやま》光紀《みつのり》さん、水曜日はひろたみゆ紀さん、木曜日はまたくり万先輩と代演が決まったと聞いた。少しほっとして病院から自宅に帰った。そのころには点滴が効いたのか、少しずつ痛みが治まりつつあった。このまま引いてくれたらと淡い期待を胸に眠りについた。

翌日は土曜日。救急外来で診てもらった医師からＭＲＩ検査を受けにきてほしいとの連絡があった。ＣＴの画像をチェックした放射線技師が「ちょっと気になる影がある」と医師に報告してきたというのだ。しかしＭＲＩが撮れる日にちはコロナ禍の影響もあって何週間も先だという。

頭痛の原因がわからずに何週間も過ごすのは嫌だった。いや怖かったといったほうがいい。頭の中で何か得体の知れない病原体が蠢いているように思えたからだ。

翌日の日曜日は『笑福亭鶴瓶 日曜日のそれ』の生放送を控えていたので、鶴瓶さんに電話をかけて病状を伝え、「すみません、番組を休ませてください」と詫びを入れた。

すると電話の向こうで鶴瓶さんが響く声で怒りだしたのだ。

「そらぁあかんで！　はよぉ調べぇ！　なにしてんねん！」

悠長に構えていると思ったのか、鶴瓶さんがいつになく厳しい口調で言った。確かに鶴瓶さんのいう通りだ。一日も早く調べなければいけない。すぐにいろんな病院にあたって、週明けに大学病院の予約がどうにか取れた。

「下垂体」ってなんですか？

9月7日（水）、大学病院の脳神経科でMRI検査を受けた。CTではX線を使って輪切りにした画像を撮るが、MRIは強い磁力と電磁波を利用して人体をいろんな断面（縦・横・斜め）から撮影することができる検査だった。X線を使わないので頭蓋骨に囲まれた脳の診断に適しているという。そのMRI画像に頭痛の原因が写っていた。

「あ、ここに写っていますね。これ、下垂体なんですが、腺腫だと思われます」

医師からそう告げられたとき、下垂体がどこにあって、何をする器官なのかも知らなかった。

「かすいたい、せんしゅ？」

私は思わず聞き返していた。

医師は自分の眉間を指さして、

「ここから7センチほど奥の頭蓋骨のほぼ中心にあります。脳の底からぶら下がっている器官で、大きさは小指の先ほど、重さは1グラムくらいです」と言って自分の小指を立てた。「こんなに小さな下垂体ですが、ホルモンの働きをコントロールする、とても重要な器官なんですよ」

なるほど脳にぶら下がっているから「下垂体」というのか、と妙に納得した。そこからホルモンが出るのか。しかし、ホルモンの分泌とはいったいどのようなことなのか、医師に聞いてみた。

ホルモンは生命機能を維持する働きを持つ重要な情報伝達物質だった。成長ホルモン、男性ホルモン、女性ホルモンなど100種類以上があって、ホルモンの分泌が多すぎたり少なすぎたりすると心身にいろんな障害が起こるという。

医師がわかりやすい話をしてくれた。

「原始時代、例えばヒトが野獣に襲われそうになったとします。命の危険を感じたとき、人は恐怖におののき、血圧が急上昇、鼓動は速くなり、筋肉が緊張します。そのとき、下垂体が『頑張れ！　生き残るんだ！　負けるなよ！』とホルモンを分泌するのです。つまりヒトが生き抜くために欠かせない分泌液、それがホルモンなんですよ」

ホルモンを作り出しているのは下垂体のほか、甲状腺、副甲状腺、副じん、すい臓、生殖腺《せいしょくせん》などで、それぞれに違った働きがある。

下垂体から分泌されるホルモンの中に成長ホルモンがある。あのジャイアント馬場さんは下垂体からの成長ホルモンが多く分泌したため、2メートルを超す巨人症になった。さらに読売巨人軍時代、下垂体腺腫が視神経を圧迫し、失明する恐れがあるということで開頭手術をしていた。

「手術をすることになりますか？」

こわごわと聞いた。できれば手術をしたくなかったが、先生は「早めに手術をしたほうがいいです」とすすめてきた。

これは大変なことになったなと背筋が寒くなった。ところが話を聞くと、今は医療技術が進み、開頭手術はせず内視鏡手術が主流になっているという。

「鼻の穴の奥の鼻腔にまず一個の穴を開けます。穴の先には副鼻腔という空間があります。ここに炎症が起こると蓄膿症になるわけです。さらにその副鼻腔の奥に穴を開けると、下垂体にたどり着きます。片方の鼻の穴から直径3ミリほどの細い内視鏡を入れて、もう一つの鼻の穴から患部をそぎ取る器具を入れて腫瘍を摘出します。患者さんの体への負担が少ない手術です。手術が終われば、あいた穴に人工の骨を接着剤ではめて終了です。傷も残りませんよ」

医師はいとも簡単に説明するが、私は話を聞いても「大丈夫なのか?」「やったほうがいいのか?」と決断がつかなかった。

手術の前に、仕事が続々!

下垂体にできる腫瘍はとても小さく、ほとんどが良性だという。痛みの原因は腫瘍に毛細血管があって、そこがたまたま出血したこと。それもほんの少量の出血なのに、あれほど痛いのだから、ドバッと出血したらどうなるのか。また出血したらあの頭痛が襲ってくるのかと思うと怖くて仕方がなかった。

経過を見ながら腫瘍が大きくなったところで手術をするという手もあったが、医師が「小さい今のうちにやったほうがいいでしょうね」と手術をすすめてくれたことと、激しく襲ってくる頭痛を二度と味わいたくないという思いから、私は手術を決意した。

気持ちが決まると、一日も早く手術を受けたかった。しかしコロナ禍で大学病院は手術予定が詰まっていて10月中旬にならないと空きが出なかった。

入院する日まで仕事に復帰しようと思った。そこで気をつけることを医師に聞いた。

「あまりいきんだりしないでください。あとは飛行機には乗らないでください。潜水もダメです」

「やや大きめの声でしゃべるのはどうでしょうか？」

私は医師に職業がアナウンサーだと明かしていなかった。

「適度であれば」と言われた。

もう一つ気になることがあった。高嶋ひでたけさん、松本秀夫さんとのユニットで始めたトークライブ「らじおdeShow」というイベントを控えていた。この三人で結成した音楽ユニット「G3s（じーさんズ）」のシングル『絶体絶命のエレジー』のレコーディングが迫っていたのだ。

「レコーディングは大丈夫でしょうか」なんて恥ずかしくて医師に言えなかった。

「え！　上柳さんって歌手なんですか？」と聞かれたら話がややこしくなる。そこでレコーディングは気張らず、そっと歌うことにした。高嶋さんと松本さんなら私の分まで元気に調子よく歌ってくれるはずだ。結果的にその通りになったのだが……。

発病から1週間で職場に復帰した。そのころは薬が効いていて頭の痛みはなかったのだが、入院までずらりと仕事が詰まっていて、こっちのことを考えると頭が痛かった。コンサートがあり、イベントがあり、番組の事前収録があった。9月16日はG3sのレコーディングだ。9月22日は東京ビッグサイトで開催の「ツーリズムEXPOジャパン2022」の会場から「観音温泉るんるんタイム」を鈴木和江会長と収録。そして9月30日には東京国際フォーラムで開催の「あの素晴らしい歌をもう一度コンサート2022」を控えていた。その総合司会を私が務めることになっていたので、これも休むわけにはいかない。

出演者のきたやまおさむさんは精神科医でもあるので、事情を話すと「早く見つかってよかったんじゃないか。ほっといたら大きくなって、70歳か80歳になったときに失明の危機があるかもしれない。そう思えば、小さい段階で見つけてもらって本当によかった」と優しい言葉をかけていただいた。

人が多いイベントはコロナに感染する恐れがあった。感染したら手術が延期になってしまうので、おっかなびっくり生きていた。それなのに仕事以外で、明治座の「坂

本冬美特別公演 中村雅俊特別出演」、原由子さんの新作アルバムの試聴会、中野サンプラザホールでの半崎美子さんのコンサートなど、いろんなところに出かけていった。じっとしていられない性分なのだ。飛行機に乗らず、潜水もしない。それとひとまず好きな酒をやめた。

入院の前日（10月11日）、きたやまおさむさんと「イムジン河特番」を録った。「あの素晴らしい歌をもう一度コンサート2022」にゲスト出演したイルカさん、坂崎幸之助さん、清水ミチコさん、松山猛《まつやまたけし》さん、南こうせつさん、森山良子さんにコメントを頂き、きたやまおさむさんに『イムジン河2022新録音バージョン』の話を伺った。

1968年のザ・フォーク・クルセダーズの『イムジン河』は当時の社会情勢の中、リリース直前に発売中止、ラジオでも自粛となった。この曲はもともと、戦争で分断された国土や民族を想う歌である。様々な分断や格差が叫ばれる今こそ、この曲を改めて世に出す意義があると、きたやまおさむさんの呼びかけで『イムジン河2022年新録音バージョン』が制作された。番組ではきたやまさん自身をパーソナリティに、自身の想いや参加各アーティストのコメントを紹介し、この曲の意味や音楽が持つ力を語り、考えていく。

10月21日（金）に『きたやまおさむ「イムジン河」スペシャル〜音楽は時代（とき）を超える〜』が放送された。私はこの放送を手術後のベッドの上で聴くことになった。いい番組ができたと思った。その後、「第49回 放送文化基金賞」のラジオ部門で優秀賞を受賞した。頑張ったご褒美を頂けたと思った。

星野源さんのエッセイに励まされる

10月12日（木）に入院し、5日後の17日が手術で、それまでは検査の連続だった。ホルモンの分泌が手術前と手術後で、どう変わるかを調べなければならなかった。30分おきに採血をしたり、「この間、おしっこをしないでください」と言われ、体に負荷をかけることでコルチゾールという副腎皮質から分泌されるホルモンが出るか、わざと低血糖にしてホルモンが頑張って出ているか、すべてデータを取り、手術後もその変化を調べた。

脳神経外科の病室は4人部屋だった。開頭手術をした患者さんは丸坊主で、言葉のリハビリをしていた。意識がまったくない患者さんがいて、ずっと「あー！　あー！」と動物が吠えるような呼吸音をしていた。

コロナで面会は一切できない。妻が荷物を持ってきてもガラスの向こうにいて話すこともできず、ただ頷くだけだった。コンビニにも行けない。本当の隔離だった。ただコンビニからワゴンがやってきて、脳の手術をした患者さんがそのワゴンを囲むようにわらわらと集まって好きなものを買っていた。

そこには幼稚園児くらいの子どもが入院していた。お父さんやお母さんに会えず、ベテランの看護師さんの手をギュッと握っているのを見て、「ああ、この子も耐えているんだ」と思ったら、たまらない気持ちになった。

今の病院はｗｉ‐ｆｉが飛んでいる。気分転換になると思って安いタブレットを買っておいた。動画やエッセイをチェックしていると、キンドルに星野源さんのエッセイを見つけた。手術前のベッドの上で源さんに会えたのがうれしかった。そのエッセイに開頭手術をしたときのことが載っていた。源さんはくも膜下出血の手術を2回もやっていて、最初はカテーテルでの手術で、2回目は開頭手術だった。開頭手術をした人がステージで歌い、踊り、人々に感動を与えているんだなと思った。手術前に源さんに励まされ、こんな手術で負けてたまるか！と心強い気持ちになって手術当日を迎えることができた。

偶然だが、レーティング初日の10月17日（月）が手術日だった。大学病院の手術室はものすごく広くて、いくつもの手術が同時に行われていた。反対側には機材がずらっと並んでいて、「まるで化学兵器工場みたいですね」と執刀医に話しかけたのを覚えている。

8時半に手術が始まり、麻酔ですぐに意識が遠のいた。目が覚めると夕方の3時半で、私の顔を覗き込む執刀医が「うまくいきましたよ」と微笑んだ。

手術後、両方の鼻に詰め物をされて口呼吸になり、尿道にはカテーテルが挿入されていた。前立腺手術の影響で尿道狭窄症になっていて、脳神経外科のスタッフがカテーテルで手こずり泌尿器科のスタッフを呼んだがそれでも入らず、「尿道が無理なら、おなかから膀胱に穴を開けて尿を出そうか」と相談し合ったということを後で聞いた。俺の尿道はどんだけ細いんだと、スタッフのみなさんには申し訳なく思った。

手術後の病室で見たもの

手術を終えても、翌日までＩＣＵ（集中治療室）に入らなければならなかった。この体験が壮絶だった。体が固定され、一切動かしてはいけない。鼻に詰め物をされているので口呼吸のみ。だから喉がカラカラに乾く。水を飲みたい。喉を潤したい。しかし翌日まで我慢しなければならなかった。

ＩＣＵには手術を終えたばかりの患者が何人もいた。生死の境をさまよっている人たちで、ベッドとベッドの間を医師や看護師がせわしなく走り回っている。医療機器の警報音なのか、一晩中ピーピーと鳴り響いていた。ＩＣＵはものすごく明るいからいくら目をつぶっても眠れない。時間がまったく止まっている。このＩＣＵにいた時間は本当に苦しかった。

私の斜め向かいに中年らしき男性がいた。姿は見えないが、何かを要求するときにベッドの柵をカンカン！と叩いた。

すると看護師さんが、

「ちょっと待ってね、今すぐ行くからね」

絶え間なく、カンカン！と叩いている。おそらく目が見えず、体もほとんど動かせない。何かを使ってカンカン！カンカン！と叩いているのだろう。「俺は生きているんだ、俺の要求を聞いてくれ！」と言っているように私には聞こえた。

延命すべきなのか、尊厳死がいいのか、夜か昼かもわからないＩＣＵで、私は生きることと死ぬことについてずっと考えていた。

体を動かせず、目も開くことができないこの苦しい状況下で生きたいと必死にもがいているのか。もう勘弁してくれと心の中で叫んでいるのか。カンカン！と叩く彼の苦しみは誰にもわからない。

コロナ禍で家族にも会えない。ただ医師や看護師たちは、この患者を生かそうと必死で飛び回っていて、一睡もすることができない、まさに野戦病院だった。

夜が明けたことは一般病棟へ移動するときにわかった。一晩のICUだったが、絶望的なほどに長く感じた。ストレッチャーに乗せられたままICUを出るとき、夜中にカンカン！と叩いていた男性の顔が見えた。ショックだった。意外にも青年だったのだ。目は見えてない。意識があるのかもわからない。あの青年はいつからここにいて、このあと、どのくらいここにいることになるのだろうか。私はストレッチャーの上で、彼が元気に復帰してほしいと心から祈った。

一般病棟の4人部屋に戻ると、「あーあー」とひっきりなしに咆哮する男性が大きな声をあげていた。顔をちらっと見ると、ついこの間まで働き盛りだったような体格のいい男性だった。意識はない。鼻に管が入っていて腕から点滴を受けていた。この男性も生死の境をさまよっていた。私は深く考えた。延命治療、安楽死、尊厳死、何が正解なのか、答えを出すことができなかった。

手術2日目の10月19日（水）、鼻の中の詰め物が取れて鼻呼吸ができるようになった。口呼吸は本当につらくて、鼻から息ができることのありがたさを思い知った。

検査の結果、成長ホルモンがうまく出ていなかったらしい。医師からは疲れやすく、動脈硬化や骨粗鬆症になりやすいので、ステロイド系の薬を飲み続けることで乗り切りましょうと説明を受けた。成長ホルモンが出ないと抵抗力がつかない。生き抜いてやろうという気力が湧かないわけだ。もし原始時代だったら私はまっ先に獣に食われていただろうなと思うと無性におかしかった。今の時代に生まれてよかった。

10月20日（木）、手術後に初めてあさぼらけを聴いた。松本秀夫さんがエンディングで「上柳先輩、これは神様からのレッドカードだから、ゆっくり養生してください」とメッセージを送ってくれた。その言葉がなんともうれしくてベッドで泣いてしまった。

21日（金）にはベッドから起きられて、尿袋をぶら下げて廊下を歩き、院内のコンビニに買い物に行けるようになった。

私の担当の一人に、若い看護師さんがいた。この春、看護大学を卒業して、やっとひとり立ちしたばかりだ。その看護師さんが朝の検診にやってきたとき、こう話しかけてきた。

「上柳さんって、あの上柳昌彦さんですか？」

笑顔のかわいい子だった。うちの娘とそう変わらない年ごろだ。こんな若いリスナーがあさぼらけを聴いてくれているんだと思ったらうれしくなった。

ちょっと気取って「そうですよ」と答えた。

「大ファンなんです！」と言ってくるものだと期待したが、これが違った。

「Ｃｒｅｅｐｙ Ｎｕｔｓのところのエンディングで、よく名前が出る上柳さんですか」

「え？　そっちかよ」とずっこけた。

その看護師さんは彼らの大ファンで、『Ｃｒｅｅｐｙ Ｎｕｔｓのオールナイトニッポン』のリスナーだった。

ＨＩＰ ＨＯＰとは無縁の私だったが、二人とは、かれこれ5年の付き合いになる。

早朝番組を担当していなければＣｒｅｅｐｙ Ｎｕｔｓは遠い存在で、接点のない若い人たちで終わっていたと思う。彼らがオールナイトニッポン0（ＺＥＲＯ）を担当することになってお隣さん同士になり、なんやかんやと行き来があった。曲を聴いたり、ライブを観にいくうちに「いいな！　こんな俺にも心に刺さるものがあるぞ。俺もまだそういう感性があるのかな？」と。私の息子もＣｒｅｅｐｙ Ｎｕｔｓが好きで、親子でライブを観に行ったこともあった。

この日、ＮＨＫの『あさイチ』でＣｒｅｅｐｙ Ｎｕｔｓが生ライブをするという。「朝の番組に、それも生放送、大丈夫か？」と彼らの親にでもなった気分で心配しながらテレビを観ていると、二人は『のびしろ』を歌った。私も「のびしろ」という言葉を信じたかったから、この歌が心にしみて、泣けて泣けて仕方がなかった。歌のパワーってすごいなと思った。

木曜日の松本さんで泣いて、金曜日のＣｒｅｅｐｙ Ｎｕｔｓの『のびしろ』を聴いて、また泣いた。結構気持ちがへたっていたのだと思う。さらにクミコさんのブログを読んで、これにも参った。

クミコのブログ「がんばれ上柳さん。」

シャンソン歌手のクミコさんがブログでうえちゃんを応援しているよ、と聞いた。この応援メッセージが、心にグッときた。ご本人の許可を頂いたので、クミコさんのブログをそのまま掲載させていただく。

タイトル「がんばれ上柳さん。」2022-10-19

なんだかわからないが好きだなあ、と思う人がいる。
男とか女とか年齢とか、そういうものを飛び越えて、なんだかこの人って昔々から知ってたような気がするなあ、好きだなあ、という人がたまに現れる。

そのお一人が、ニッポン放送の上柳昌彦さんだ。

正確には、元ニッポン放送のアナウンサー。

上柳さんとのご縁。それは、ちょうど20年前、私の「わが麗しき恋物語」を一か月、番組でかけ続けてくださったこと。

朝の番組で、朝からこんな歌流されちゃ仕事にならんよという苦情も多かったという。

それほど、上柳さんの前振りがリスナーの涙を誘ったのだった。

そしてそれが、今、私が歌っていられる大きな転機になった。


だから上柳さんは恩人だ。

その恩人の上柳さんは、いつもひょうひょうとしつつ、内面にナニカシラの屈託を抱えているようにみえる。

闇と光の具合が、私自身の具合と妙に合うような感じがして、ヘンな言い方だけど、肉親感というか幼馴染感があったりする。

小さい頃、なんだかわからんけど、同じところで急に黙り込んでしまうようなイトコとか幼馴染というか、そんな感じだ。

その上柳さんが闘病中だ。

先だっての「あの素晴らしい愛をもう一度コンサート」で、それを知った。

とてつもない頭痛が、脳の下垂体からの病気だとわかり、三週間も入院しなきゃなんないんですよ、とガックリされていた。

なので、人気番組「あさぼらけ」はお休み中。

検査入院だけで一週間とかも聞くので、どれだけ悔しいだろうと思う。

独得のユーモア、湿度、風刺、シャイさ、優しさ、それらすべてが混ざって上柳さんだ。

正論を言って、それを言った自分をふふふんとちょっと笑ってしまうような距離感にも、しばらく会えない。

来年「中島みゆき研究会」というイベントをご一緒することが決まっている。
新宿の紀伊国屋ホールで三日間。
上柳さんがいてこその企画だ。

どうか、手術がうまくいきますように。
また、番組に元気に戻ってこられますように。
いやいや、さらにパワーアップしての再登場を、ココロから祈っています。
がんばれ、上柳さん。

・・・・・・・・・・・・・・・・・・・・・・

クミコさんとの出会いはひょんなことからだった。
『うえやなぎまさひこのサプライズ！』を担当していたとき、同期入社の松島ディレクターが「すごく物語性のある歌なんだ。僕はこれをかけたいと思うけど、どう思う」とボソッと言ってきた。クミコ？　初めて聞く名前だった。作詞家の松本隆さんがプロデュースされているシャンソン歌手だというが、世間的には無名だった。私自身、シャンソンといえば美輪明宏さんぐらいしか知らなかった。何とはなしに『わが麗しき恋物語』を聴くと、頭の中に映像が浮かんだ。いい曲だなと思った。

番組でかけたところ、意外なほどに反応があった。「泣ける歌ですね」という感想メールが何通も送られてきた。せっかくだから次の日も、その次の日もかけると「いい曲だと思うけど、とにかく涙が出てきちゃうんで、車の運転してるから勘弁してくんねえか」みたいなメールがきた。これほど心に届く歌は珍しいと思い、松島ディレクターと「よし、毎日かけ続けようよ！」となった。すると「あの曲はなんていう曲なんだ」と話題になって、そのうち〝聴くものすべてが涙する歌〟と世間に広まり、シャンソンとしては異例の大ヒットとなった。

勝手にかけていただけなのに、クミコさんにはとても感謝された。本人にお会いしたら、シャンソンのような気取ったところはなく、あっけらかんとした話しぶりでとても愉快な人だった。ところが歌いはじめると途端に歌の中の恋多き女性に変身する。

このギャップがたまらない。それ以来、長いお付き合いをしていただいている。

2023年の年明けに新宿の紀伊國屋ホールで開かれた「中島みゆき新宿研究会〜一陽来復〜」という中島みゆきさんの曲をカバーするコンサートをクミコさんと一緒に司会を務めた。その仕事が決まっていた。

クミコさんのブログを読んで俺は一人じゃない、多くの仲間が応援してくれているんだ。だから元気になってマイクの前に戻らなきゃな、と思った。

声が出ない……どうする俺⁉

手術が無事終わると、今度は番組への復帰がいつになるのかが気になって仕方がなかった。

月曜日の手術を終え、金曜日に長濵Ｐに電話をした。

「なんか、鼻声でしょ。新聞を買って読んだりしているよ」

「奥さん、なんて言ってます？」と聞かれた。

「いや、この電話が最初だけど……」

「何してんすか！　早く奥さんに電話してくださいよ」と電話を切られてしまった。

我ながら仕事人間だなと反省した。

翌週まで入院が続き、ホルモンの内分泌を調べる病棟に移っていた。外科的な手術で順調に回復していたが、内分泌はあまりいい結果が出ていなかった。低血糖に耐えられる体なのか、負荷を与えたときにホルモンが分泌されているのか、ずっと検査の日々で、ある程度、数値がよくならないと退院の許可が出ない。

「とにかくいきまないでください」と注意された。簡単なことだと思ったが、〝いきまず〟には大きい（大便）のが出ないのだ。10日間も出ずに、もがき苦しんだ。排尿とか排泄とか、なんにも考えずに出ることは幸せなことだと思った。食べることと出すことはセットだと教えられた。そんなことも考えずにこの歳になるまで生きてきたわけだ。

10日ぶりに病院の中庭に出てみると、とても柔らかな温かい日差しが降り注いでいた。そのなかで妻と息子と電話で話した。一人暮らしを始めた娘とは、LINEでのやりとりだった。たわいのないことを話したが言葉が続かない。というよりもこの時、声がまったく出なかった。新聞を買ってきて中庭で読んでみた。何行か読むと声が続かない。愕然とした。俺、大丈夫か⁉　これは相当まずいことになってるなと思った。

大きな尿袋を下げて出社か、俺⁉

退院の話になったとき、しばらく尿道からカテーテルが取れないと言われた。となるとカテーテルの先に大きな尿袋がついている。

「この尿袋をつけて退院ですか」と聞くと、「そうです」と言われた。早く退院をしたいが、この尿袋をぶら下げて会社には行けない。

「上柳さん、それ、なんですか?」

「これ? これは俺の尿袋さ。3リットル入るんだぜ」と自慢するわけにもいかなかった。

まいったな、一日でも早く復帰したいのに。そんなことを考えていると、ハッと思い出した。前立腺の手術を受けたとき、カテーテルの先に細長いキャップがついていたはずだ。このキャップを挿せば、おしっこが漏れない。おしっこをしたいときは、キャップを外して便器にジョボジョボと流すことができる。そのキャップをつけて1カ月ほど暮らしたことがあった。

脳神経外科の先生はその存在を知らなかった。

「そういうものがあるはずですよ。こうやってピッと外して、ジャーと流せるんです」

するとひとりの看護師さんが、「あ、なんかあったわよ、それ、下のコンビニで売ってた！　ディブ（ＤＩＢ）キャップって言ってましたよ」

ディブキャップを探しに院内のコンビニをのぞいた。

「あの、ディブキャップ、ありますか？」と聞くと、「ありますよ」と返ってきた。

「これこれ！」１１００円で手に入った。これで退院後も尿袋をぶら下げなくてすむ。

泌尿器科では当たり前のことでも、脳神経外科では当たり前ではないと知った。

10月29日（土）に退院が決まった。18日間の病院生活だった。入院するころはまだ夏の雰囲気が残っていたが、退院したときにはすっかり秋になっていた。

タクシーで帰宅しようかとも思ったが、電車に乗れるか気になった。やはり電車が揺れると立っていられなかった。

「電車ってこんなに揺れたっけ？」と隣の妻に聞くと、「これ、普通よ」と言われた。

足腰が相当に弱ってしまったようだ。

家の近くの店でパスタを食べた。ツルツルッと喉ごしのいいものが食べたかったのだが、ひと口食べて「なんだ！」と驚いた。あまりにもしょっぱいのだ。妻がひと口食べて「普通だけど」と言って、もうひと口食べた。病院食に慣れていたので普通の塩加減でもしょっぱいと感じたのだ。

18日間も入院していると社会復帰するのに少し時間を要した。まず歩くのが不安だった。歩道の少しの傾斜がすごく斜めに感じるのだ。健康なときは気にならなかったアスファルトの凸凹につまずく。つま先が上がっていないらしい。歳をとるとは、こういうことなのか、と年配者の気持ちがわかった。

スタジオこそ俺の居場所

足よりも声を出すことにもっと不安があった。声次第で現場復帰が遅れてしまうからだ。

「明日、日曜日の午後あたりに、こっそりスタジオで声を出してみます。会えますか？」と長濵Pに連絡を入れた。

退院した翌日の10月30日（日）、妻に手を引かれてニッポン放送へ行くと、長濵Pが笑顔で出迎えてくれた。彼の顔を見て、帰ってきたぞ、と気持ちが高ぶった。

妻は「久しぶりに銀座近くに来たから、ぶらぶらしてくるわ」と姿を消した。気を利かせて、長濵Pと二人だけにしてくれたようだ。これからの復帰プランを二人で話し合い、いつ頃がベストか、そんな話をしているうちに私は無性にスタジオに行きたくなった。声が出るか、トークが続くか、試したかったのだ。

ひじを壊して、トミー・ジョン手術を受けたピッチャーが、相棒のキャッチャーに「ブルペンで、俺のボールを受けてくれないか」と言っている気分だった。もう剛速球は投げられないが、球のキレや変化球の曲がり、フォークの落ち具合を試す気分でスタジオに向かった。

体重が4、5キロ落ちていたから腹に力が入らない。それも声が出ない理由だった。新聞を持ってスタジオに入った。イスに座り、マイクの位置を直す。「ああ、ここが俺の居場所なんだ」とつくづく思った。なんの飾り気もないスタジオだが、イスの座り心地、テーブルの広さ、窓から見える隣のビル、それがなぜか落ち着く。家よりもどこよりもスタジオで過ごす時間が長かった。ここが俺の居場所なのだ。


「まず1分、しゃべってみてください」

副調整室で、長濵Pが「キュー（話すきっかけ）」を出した。

録音したものを二人で聴いてみた。

「悪くないですよ」

「でも鼻声だな」

次に3分しゃべって、また二人で聞いた。

「あ、いけるな、いけるな。でも鼻声だけど、どう？」

「いえ、そんなに気になりませんよ」

そんなことを繰り返した。

ふと時計を見たら90分が過ぎていた。

「あさぼらけって、90分じゃないですか！」と長濵Pが声を上げた。

復帰のメドがたった。

リハビリ初日のスタジオ模様を、長濵Pが隠し撮りしていた

「月曜日から俺は行けるけど」とちょっと強気に言った。

「それはやめましょう。月曜はくり万さん、火曜は森田（耕次）さんにお願いして、水曜日からどうでしょう？　その日は泊まりにひろた（みゆ紀）さんがいるから、何かあったときはバックアップしてもらえるし、いてくれたら心強いじゃないですか」

結果として彼の判断はナイスジャッジだった。

実は翌日から復帰することには少し不安があった。水曜日なら心の余裕ができる。

収録スタジオはブルペンだと思った。さあ本番という試合が始まる。私にとって生放送スタジオは球場のマウンドだ。監督兼コーチ兼トレーナー役を務めてくれた長濵Pには感謝でいっぱいだった。

月曜日のくり万先輩の放送にリハビリのつもりで立ち会い、火曜日の森田（耕次）さんのエンディングに「ご心配おかけしました」と顔を出せたのもよかった。そして復帰初日の水曜日、もし声が出なくなったりしたとき、ひろたさんがいつでも駆けつけてくれる、その安心感があったおかげで、無事に放送を終えた。小柄なみゆ紀ちゃんだが、その存在は本当に大きかった。

いつ抜くんだ、尿道カテーテルを

もうひとつ大きな問題が残っていた。

放送に戻ってからも尿道カテーテルのままでしゃべっていた。そのカテーテルを抜く時期がやってきた。すっかり慣れてしまって、不便を感じることはなかったが、いつまでもこのままというわけにいかない。

そもそもカテーテルとは、体内に挿入して、検査や治療などを行うための細い管のこと。有名なのが「心臓カテーテル」だ。心筋梗塞の治療は、太ももの動脈から細いカテーテルを入れて、その先端から、心臓の血管が詰まった箇所に薬剤を注入したり、バルーン（風船）で拡張したりする治療だ。

私の場合は「尿道カテーテル」だから、膀胱の中で膨らむバルーンを備え付けている。排泄の際の介助がいらずケアが楽だった。しかし尿道カテーテルの使用が長引くと、尿道から細菌が侵入して尿路感染症を引き起こすリスクが高くなる。だから尿道カテーテルをいつまでもつけていられなかった。

「これは上柳さんが前立腺の手術をした病院で抜いてください。私たちはこれを抜くことで生じるリスクを取れないんです」と言われた。

「リスク？　まじかよ、俺の尿道！」。私は心の中で思わず叫んでいた。

前立腺の手術後、尿道狭窄症になった。

尿道を切り、またくっつける手術を受けた。そのくっつけた傷痕が膨らみ、尿道の内側を圧迫し、尿が出づらくするのが尿道狭窄症だった。だんだんおしっこが細くなって、しまいには一滴も出なくなるのだ。

当時、私は尿道狭窄になっているとは知らず、尿意はあるのにトイレに行っても出ないので、首を傾げるばかりだった。

「え、おかしいな」と思いながらもベッドに戻るとすぐに尿意が襲ってくる。また起きてトイレに行くが、おしっこは出ない。

あさぼらけの放送中にも狂おしいほどの尿意に襲われ、悶絶しながらしゃべっていると、「今日は読み間違いが多いですね」とメールが来た。

これでは仕事に支障をきたすと、前立腺の手術を受けた病院に電話して、「実は手術を受けた者なんですが、尿が出ないんです」と泣きついた。

「今すぐに来なさい、いちばんで診てあげますから」と言っていただき、タクシーで行くか電車で行くかで迷ったが、電車だったら途中で降りてトイレに駆け込めばいい。

とにかく悶絶しそうな尿意が定期的に襲ってくるのだ。

電車に乗ってなんとか駅にたどり着いた。ところが駅から病院までの坂道が上れない。尿意で身悶えてしまうからだ。しゃがみこんで、ぐっと尿意をこらえ、また少し歩いてはしゃがみこみ、尿意と闘う。それを繰り返しながら、ようやく病院にたどり着いた。

受付で、「さっき電話した者ですが、最初に診ていただけると言われまして」とすがるように言うと、「それではこれに尿をとってください」と紙コップを差し出すものだから、「おしっこが出ないから来たんですよ！」と悲鳴をあげた。

診察用のイスに座ると、麻酔なしで尿道に細い金属製の棒を突っ込んできた。尿道内のくっついた皮膚を貫通させるためだが、それはまるで拷問だった。『鬼平犯科帳』でもこれほどの拷問はないと思う。激しい痛みが尿道を駆け抜けた瞬間、膀胱まで貫通したらしくて溜まっていたおしっこが噴水のようにふき上げた。私は思わず「やった！」とベッドの上でガッツポーズをした。

貫通の処置を終えた医師が「しばらく通院してください」と言った。

「え？　終わったんじゃないんですか？」

「貫通しても、すぐに尿道が狭くなるんですよ」

というので、あさぼらけが終わると、私は定期的に金属の棒を突っ込まれる治療を受けに行っていた。この痛みは思い出すだけでも憂鬱な気持ちになる。

10月31日（月）、その病院で尿道カテーテルを抜いてもらうことになった。不安な気持ちで私はベッドに横になった。すると医師がなんのためらいもなくカテーテルをスルッと抜いてくれた。痛みはあったが、あまりにもあっけなかった。

「もう、抜けたんですか？」

「これで終えてもいいんですが、内視鏡を入れて尿道狭窄の様子を調べようと思いますが、今日にしますか、日にちを改めますか」と医師が聞いてきた。

ベッドの上で下半身を晒しているのだ。

「だったら、今すぐやってください！」。私は言葉に力を込めた。

尿道に内視鏡を入れるのだから痛くないわけがない。この痛みとは今日限りでおさらばしたかった。先生はモニターを見ながら内視鏡をそおっとそおっと尿道に挿入していった。モニターの先に小さなライトが付いていて、尿道を明るく照らしている。長いトンネルのようだった。この先に何があるのか、川口浩探検隊になった気分で私もモニターを見つめた。尿道は膀胱までストレートに続いているわけではなく、途中でヘアピンカーブのように曲がっている。そこをぐりぐりと責められるような痛みに悶えながらモニターを睨んでいると、ようやく内視鏡が長いトンネルを抜けた。

「はい、膀胱に出ましたよ！」と先生が声を弾ませた。

「え、膀胱に出たということは？」と私の声も弾む。

「尿道狭窄じゃないですね、治ってますよ。カテーテルをずっと入れていたから、尿道が広がったんでしょうね」

私は股を開いたまま、これでカテーテルから解放されると思い、「やった！」とふたたびガッツポーズをした。うれしくて帰りの坂道をスキップしながら駅に向かった。

フワちゃんの卍固め？にギブアップ！

放送に復帰したあと、Ｃｒｅｅｐｙ Ｎｕｔｓのスタジオへ行って、『のびしろ』に助けてもらったと挨拶をしようと思った。

ところが何を間違ったか、『フワちゃんのオールナイトニッポン０（ＺＥＲＯ）』のスタジオへ行ってしまった。

「しまった！」と思ったときは遅かった。

フワちゃんが「あー！」と私を指さし、「ニキニキ！」と近づいてきた。

フワちゃんのプロレスは入院しているときに見ていたから、「すごかったね」なんて話をしたら、いきなり技をかけられて、写真に撮られた。

卍固めのようにも見えるが、まったく力が入っていない。フワちゃんの優しさを感じる一枚となった。

フワちゃんのスタジオを後にして、番組が終わったばかりのＣｒｅｅｐｙ Ｎｕｔｓの二人に、「いやぁ、どうも！『のびしろ』に助けられたんですよ」と話しかけると、今度は冨山Ｐに羽交い締めにされ、スタジオの外に連れ出された。

「ちょちょ、ちょっと待ってよ、どうしたの？」

慌てる私に、「それがですね、Ｃｒｅｅｐｙ Ｎｕｔｓが、番組を降りるって言い出しているんですよ」

私よりも冨山Ｐが慌てていた。

「え？　まじ！」

「その相談を本人たち交えてやっていたんです」

「ごめん。お呼びでない？」

植木等さんの気分でスタジオを後にした。

上柳昌彦さんが来てくれました!!!!
あさぼらけニキ

しばらくしてＣｒｅｅｐｙ Ｎｕｔｓの二人がスタジオから出てきて、「手術、無事に終わって、本当によかったですね！」と言葉をかけてくれた。

「ありがとうね。で、やめるの？」

「はい」と二人は申し訳なさそうにうなずく。

本業とラジオとの両立が難しくなってきたということだった。そんなに番組を一生懸命にやってくれていた。二人はギリギリの気持ちでやってくれていたことを知った。改めて二人のラジオ愛に感謝したかった。

彼らの選択だし、自分たちで決めたわけだから、私がとやかくいうことはないが、息子みたいな二人だったから、離れ離れになるのは正直寂しかった。

Ｃｒｅｅｐｙ Ｎｕｔｓがもっともっと大きくなって、「俺が彼らを育てたんだ」と自慢するぐらいになってほしいと思った。

おやじ三人の新ユニット誕生

腐れ縁といったら言葉が悪いが、生涯別れることのない二人がいる。大先輩の高嶋ひでたけさんと盟友の松本秀夫さんだ。

11月11日、東京の亀戸文化センターでトークライブショー「らじおｄｅＳｈｏｗ」を開催した。その時、高嶋ひでたけさんは80歳、松本秀夫さん61歳、そして私上柳昌彦は65歳だった。

高嶋さんのＹｏｕＴｕｂｅ『高嶋ひでたけのイキナリ！ひでチャンネル』にゲストで出させてもらったとき、三人で何かやりたいね、と言ったのがきっかけで、Ｇ３ｓ《じーさんズ》を結成することになった。「ラジオのグレイトな三人」という意味が込められている。

やるんだったら、変わったことをやりたいねと、三人で歌うことになった。オリジナ

G3sの曲『絶体絶命のエレジー』のジャケット

ル曲『絶体絶命のエレジー』は前立腺肥大に悩む中年男性の悲哀をコミカルに歌っている。スポーツ新聞のインタビューに「ライバルは純烈、夢は紅白でいいか」などと軽口を叩いたのが載って、あとで赤面した。

　亀戸文化センターは、ありがたいことに超満員で「うえちゃん、おかえりなさい！」という雰囲気のなか、リスナーさん、スタッフのみなさんに温かく迎えてもらった。

　ステージではほぼ病気の話になり、面白おかしくしゃべり、G3sの『絶体絶命のエレジー』で盛り上がった。

　トークライブショー「らじお de Show」はこの一回だけのイベントだと思っていたが、ありがたいことに好評を得て、その後も再演を重ねている。

「三人が元気なうちは、何回でもやりますよ！」といちばん元気な高嶋さんに着いていこうね、と松本さんと話している。

同じく11月には『笑福亭鶴瓶 日曜日のそれ』に復帰することもできた。その日は生放送で、鶴瓶さんは大阪から有楽町のニッポン放送へやってきた。鶴瓶さんに心配と迷惑をかけたことを詫びて、「何かお礼をしたい」と頭を下げると、「そんなすんなあ、あほ！ 友達やろ!!」とめちゃくちゃ怒られた。友達？ 鶴瓶さんと俺は友達だったの!? その言葉がうれしくて、友達だと言ってくれた鶴瓶さんに一生ついていこうと心に誓った一日だった。

ニッポン放送のアベンジャーズ

今回入院したことで、改めて思ったことがあった。それはあさぼらけの1時間半を仕切れるのはやはりアナウンサーしかいないという思いだ。

ニュースがあって、メールが届き、曲がかかる、それを1つの流れで作っていく。上がり時間がいくつもあって、しかも早朝で、頭をフル回転させないといけない。それをいとも簡単に、しかも完璧にやってしまうのは、仲間のアナウンサーしかいないと思った。

芸人さんのように爆発的に面白トークをバンバン連発するわけではないが、確実に1時間半を安心して聞いていただける番組だけは絶対にできる。俺の仲間はこんなにすごい人たちなんだぞ、と胸を張って言える。だからアナウンサーの実力をもっと広めないといけないと思ったし、俺の仕事仲間をもっと知ってくれ！という気持ちになった。

進行表がぺらんと一枚あるだけ。あとはご自由にという番組なのだ。フリートークだからといって、コンプライアンスのことも考えなければいけない。

私は番組内で、代演をしてくれたアナウンサーを〝アベンジャーズ〟と呼んでいた。私が困ったときに、「お願いします！」と言えば、いつでも助けにやってきてくれる頼もしい仲間なのだ。そういう信頼感は長い間いろんな仕事を一緒にしてきたからわかり合えるのだと思う。

そう考えると一之輔さんはよく引き受けていただいたなと思えてならない。

そんなアベンジャーズの最若手が内田雄基アナウンサーだ。

内田雄基アナウンサーは、飯田浩司アナ以来、16年ぶりとなる制作の新人男性アナウンサーだ。2020年、コロナ禍での入社だった。

私は内田アナの新人研修を担当していた。私が新人アナの時代はオールナイトニッポン第2部をはじめ、生放送を一人でしゃべる機会がいくらでもあった。今はコロナと重なって内田アナが思う存分しゃべる場がなく、かわいそうだなという思いがあった。だから私が退院がする朝のあさぼらけを内田アナが担当してくれると聞いたときは、うれしかった。朝、病院のベッドで聴いていたが、不思議なことに気持ちはスタジオに飛んで、内田アナを近くで見ていた。

一人で生放送をこなすことを、あさぼらけで経験してほしかった。

しかし、社内では「もうちょっと待ってくれ」という声もあった。そこをなんとか、ひろたみゆ紀さんがフォローすることで、話がまとまった。

ひろたさんがフォローに徹してくれたおかげで、内田アナがメインで番組を進めることができた。

（よしよし、いいぞ、内田。落ち着いて、ゆっくりしゃべるんだぞ）

私も心配だったし、内田アナに恥をかかせてはいけないと思っていた。「あー、よかったじゃないか、内田！」と周囲から言ってもらいたかった。それを彼は見事にやってのけてくれた。

桑田佳祐さん、お互い元気に頑張りましょう

手術をしてから涙もろくなった話は何度も書いた。桑田佳祐さんの新曲を聴いただけ

でも泣けてしかたがないのだ。

2022年の暮れ（12月11日）、東京ドームで開催された『桑田佳祐 LIVE TOUR 2022「お互い元気に頑張りましょう!!」』に行った。

桑田さんこそ、大変な病気を克服されていたので、「お互い元気に頑張りましょう!!」という言葉がうれしかった。

ベストアルバム『いつも何処かで』も出ていた。その中に収録されていた新曲『平和の街』は楽曲が使用されていたCMのキャッチコピーである「今日という日を、楽しむために。」をキーワードに身の回りの人を思いやりながら、笑顔を絶やさず、しっかりと前を向いて生きていくことの大切さを呼びかけているように思う。

この歌を聴いて、私は東京ドームでとめどなく流れる涙を抑えることができなかった。

桑田さんの監督作品『稲村ジェーン』に出演したのは1990年だった。あれから33年がたつ。ステージの桑田さんは元気だった。私も頑張らないといけないと励まされた。

桑田さんの歌に励まされ、私も笑顔を絶やさず、しっかり前を向いて、今日という日を大切に生きていこうと思った。

「お互い元気に頑張りましょう!!」

『稲村ジェーン』が2021年にブルーレイとDVDで
発売になった朝の新聞広告を持って

第5章

母もリスナーだった私たちのラジオ

神戸大空襲を体験した母

私の母について書いておきたい。

昭和8年生まれの母は子どものころに戦争を体験している。

野坂昭如《のさかあきゆき》さんの『ホタルの墓』に出てくる神戸大空襲を逃げ回り、生き残った人だ。

終戦後はピアノを習い、大学でもピアノ科に進んだ。母は私にピアノを習わせたかったようだ。しかし、私はピアノのお稽古なんて恥ずかしくて行かなかった。今になって思えば習うべきだったと後悔している。

父はサラリーマンだった。見合いの席で、父の靴下に穴が開いているのを見た母が、「なんか、この人、いい人かも」と思ったらしい。「貧乏くさくて嫌だわ」と断っていたら私は生まれてこなかった。だから私は父の靴下の穴から生まれたようなものだ。

父は昭和の典型的なサラリーマンで転勤族だった。私も小学校と中学校を何度も転校したが、いちばん苦労したのは母ではなかっただろうか。家族のために慣れぬ土地でいろいろと頑張ってくれたのだと思う。

10代のころの私は、父と話した思い出があまりない。大学生になると一人暮らしを謳歌して、ほとんど自宅に帰らず、ニッポン放送に入社すると盆も正月もなかった。たまには顔を見せなさいよという母に「忙しいんだよなぁ」「人が休んでる時に仕事をしているんだよねぇ」と生意気なことを言っていた。

父はサラリーマン人生を66歳で終えた。今の私の年齢で第二の人生が始まったのだ。たまに実家に帰ると、長いサラリーマン生活を終えた父と酒を酌み交わすようになっていた。

「お前の休みの日に、ゴルフでも行かないか」と誘われたりもした。

親子でゴルフを楽しむようになって、「ああ、こんなこともお互いできるようになったんだな」としみじみと思うようになった。社会人になって、家族を支えてくれた父の苦労が少しずつわかってきていた。

そんなある日、いつも元気だった父が体調を崩した。脇腹が痛い、胸も痛いと言いだしたのだ。

「ゴルフのやりすぎで、筋肉痛にでもなったんじゃないの」

「そうかもしれないな、バンテリンでも塗っておくか」

しかし何日たっても痛みが治まらなかった。

その年の夏、病院でX線検査をした。すると肺に影があるので、精密検査をしたところ、末期の肺がんだとわかった。

やっとサラリーマン生活を終えて、これから夫婦二人の充実した時間が始まると思っていたのに、と母は肩を落とした。夫婦の時間は父の看病の時間になり、翌年の5月まで続いた。

父は67歳で逝った。そのとき母は64歳だったから、いま思えば二人とも若かった。

夫を亡くした喪失感はかなりのものだと思ったが、母は私にこう言った。

「この8カ月間、私は悔いのないぐらいに看病だけはできた」

がんというのは憎い病気だが、じつは余命という残酷なゴールを教えてくれる。そのゴールまで母は父との有意義な時間を過ごせたのかもしれない。

私の実家は大船にあった。父が建てた一軒家で、大船観音のさらに上にあった。そこで母の一人暮らしが始まった。

母にはゆっくりしてほしいと思っていた矢先、腰を痛めて買い物にも行けなくなったと連絡があった。気丈な母だったが、これから母の介護を考えないといけないと思った。

「おふくろのこと、これからどうするのがいいかな」と妹と話し合った。それまであまり交流がなかった妹とは、父のことや母のことでしょっちゅう会うようになっていた。

親孝行らしいことはできなかった私だが、妹は父が入院している病院で子どもを出産し、父に初孫を抱かせた。こんな親孝行はないと思う。

そんなとき、妹が住んでいるマンションの一室があいた。この部屋に母が住んでくれたら、妹が買い物に行ってくれるし、ご飯も用意してくれて、心配がなくなる。母に話すと、思った通り、マンションには引っ越したくないと拒んだ。思い出がつまったこの家に住み続けたいという。

母の気持ちを聞いてあげながら、妹と二人で少しずつ説得して、マンションに移ってもらったのは2005年のことだった。

鶴瓶さんのメッセージに号泣

2005年7月、とうとう大船の実家は空き家になった。実家を片付けていると、新聞のラジオ欄の切り抜きが束になって出てきた。

「おふくろは本当に聴いてくれていたんだ」と改めて思った。

片付けを終えて、自宅に帰る横須賀線の車内で、「あ、そうだ、今日は鶴瓶さんの司会で『25時間テレビ』をやってたな」と思い出した。

鶴瓶さんがどんな話をして『25時間テレビ』を締めくくるか、聴いておこうと思った。そのエンディングの挨拶で、鶴瓶さんがニッポン放送について話し始めたのだ。

「去年僕は、初めて50過ぎてニッポン放送のチャリティーやったんですね。チャリティーを僕みたいなもんがやっていいのかどうかずっと悩んでたんですけど、ラジオにずーっとお世話になってたものですから、それじゃあやらせていただこうと去年やりました。ニッポン放送は素晴らしい会社です。本当に。もうみんなが一生懸命やります。それを24時間、寝ずにやります。そのニッポン放送が、ああいう大きな波が押し寄せてきました。それがいいか悪いか、全然わからないですけど、本当に、すごい波が押し寄せてきて、僕らの仲間が、どうしようて言ってあわてふためいていたのを目のあたりにしました。でも僕はね、テレビというその入れ物の中、ラジオという入れ物の中で仕事をしているんじゃないんです。そのラジオ、テレビの奥にいる個人と仕事をしているんですよ。個人がこんだけ寝んと一生懸命やってます。みんなに楽しんでもらおうと、必死になっているんです」

鶴瓶さんの言葉が私の胸に突き刺さった。横須賀線の車内で、とめどなく涙が流れた。鶴瓶さんの留守電に「ありがとうございました！」と言おうとしたが、嗚咽してうまくメッセージを残せず、もう一度かけ直して、「すいませんでした」とだけ残した。

その時、テレビで、鶴瓶さんは全身に金粉を塗りたくって鉄のパンツをはいて騒いでいたと後になって聞いた。泣きながら留守電にメッセージを残した自分を思い出して笑ってしまった。

私が鶴瓶さんと番組をやっていることを母はすごく喜んでいた。

２００７年、歌舞伎座で開かれた「鶴瓶のらくだ」に、母と義母を案内し、鶴瓶さんに会ってもらった。母も義母も感激していた。鶴瓶さんには感謝してもしきれない。

「お礼？　そんなすんなあ、あほ！　友達やろ‼」と言われそうなので何もしていないが……。

母に忍び寄る病

母が妹と同じマンションに暮らし始めてくれて、私は正直ほっとして仕事に打ち込めた。痛めていた腰もよくなって母は一人暮らしを楽しんでいるかのように見えた。ところが病魔が忍び寄っていたのだ。10年ほど前から、首が前に垂れてきたのだ。70代後半にしては何かおかしい。

病院でX線検査や血液検査など、いろんな検査をしたが原因が見つからない。いつもの病院に診てもらい、やっと病名がわかった。パーキンソン病とレビー小体型認知症だった。

レビー小体型認知症は幻覚や幻聴が出る。いるはずのないところに人がいたり、床のカーペットの模様が動いたり、そんな幻覚が見えるのだという。母はマンションでも体を動かすことが少なくなってきていた。毎週のように母に会いに行くと、そのたびに衰えてきていることがわかった。

妹は子育てをしながら、会社にも勤めていた。母の介護を任せるとなると、さすがに負担が大きい。私には週に一度、母の顔を見に行くことしかできなかった。そこで介護施設を母とともに探してみようということになった。

「ここ、いいんじゃないかな。ほら、おばあちゃんたちの話をしている顔が楽しそうだよ」という施設を見つけた。

母はイヤだとは言わなかった。とても穏やかな人なので、自分のことより、まず相手のことを考える。だから迷惑をかけちゃいけないと私たちに気をつかって、施設に入ることを黙って受け入れてくれたのかもしれない。今から7年前のことだ。

施設での生活が始まると、だんだんと体が動かなくなってきていた。それでもラジオは聴いていて、ちょうどそのころ、あさぼらけが始まった。母にとっての朝の楽しみにしてくれていた。私もマイクの向こうで聴いている母を思ってしゃべることもあった。「おふくろ元気か？　俺はこの通り、毎朝、元気でやってるからね」と。

そのころの母は、施設で穏やかに暮らし、体がちょっと動かない程度だった。携帯ラジオも扱えるし、ガラケーも使っていた。

ところがラジオのチューニングが全然合わないようになっていった。「あれ？　ラジオ、聴けてる？」と聞いても、あやふやな言葉ばかりで、コミュニケーションが徐々に取りづらくなってきていた。

ある日、「扉の向こうに、着物を着た女の子が立ってるのよ」と指さした。そんな子どもはどこにもいない。レビー小体型認知症による幻覚が見え始めていた。体が動きづらくなっているのはパーキンソン病の症状だった。治すことのできない病気で、劇的に改善する方法はない。進行を遅らせる薬を飲むしかなかった。

そのころの母はまだ食欲があって、定期的に診察を受けた病院の帰りに必ず回転寿司に寄った。施設では新鮮な刺身がなかなか食べられないので、回転寿司を毎回楽しみにしていたのだ。「おいしい！」とお寿司を頬張る母の笑顔をいつまでも見ていたいと思っていたのだが……。

コロナで面会謝絶に

そのうち自力で歩けなくなった母は、車イスの生活が始まった。そして世の中がコロナになって、好きなときに母に会うことができなくなった。

窓ガラス越しにスマホで「おふくろ、どう、体調は？　どこか痛いところはないの？　困っていることはないの？」と声をかけても、母は無表情のままだった。だいぶ進行したなと思った。コロナ禍、自室で過ごすことが多くなり、この3年で母は急激に衰えた。

コロナが収束し、面会もできるようになったが、話しかけても、話が噛み合わなかった。母はたくさんしゃべるのだが何を言ってるのか、話の内容がわからないのだ。ただ表情だけはとても穏やかだった。認知症になると性格まで変わってしまう人がいると聞くが、母は最後まで穏やかな人だった。


2023年の夏を前にして、母はほとんどベッドで過ごすようになった。

私は週に1回、面会に行っていた。以前はイスに座ってテレビを見ていたが、このころはずっと寝ていた。施設のお年寄りとのゲームや体操などのアクティビティにも参加しなくなった。さらに食が細くなって食事を残す日が増え、ゼリー状のものも飲み込めなくなった。そんな状況でお医者さんから呼ばれた。

「病院へ入院を考えますか。それともこのままこの施設で過ごされますか」

つまり病院に入院して延命措置をするか、延命治療はどこまで望むか、そんなことを聞かれ、母の命もあとわずかだと悟った。その命を少しでも延ばしたいかどうかを聞かれ、決断しなければいけなかった。

母は父親（私の祖父）が管だらけになって亡くなった姿を見て、「あの姿はかわいそうだった。私、延命措置はいらないからね」と言っていたのを私も妹も聞いていた。私も祖父のその姿を見ていたので、母に過度な延命措置はさせたくないと思っていたので、「このままでお願いします」と伝えた。

病院に移ることは人工呼吸や胃瘻《いろう》（腹部に穴をあけてチューブで胃に栄養補給をする方法）になる可能性が高いし、場所が変わることで母にはストレスになるので、担当医も施設にいたほうがいいと言ってくれた。そして「食べないと、いずれは脱水症状と栄養不足になりますが、静かに逝かれるでしょう。6月の末ごろに」と余命が告げられた。

その言葉に私は動揺したが、母は7年かけて、ゆっくりと少しずつ「さよなら」の時間を作ってくれたのだ。その別れの時間が訪れようとしていた。

医師によると、人は最期が近づくと、脱水状態から「セロトニン」という幸せホルモンを大量に出すという。

「ですから、脱水症状で苦しむという可能性は低いです」と先生が話してくれた。最期は苦しむことはないと聞いて、延命措置を母にしてあげなかった私と妹の判断は正しいことを願うのみだった。

「今夜か明日がヤマです」と言われたのが7月初旬だった。

あさぼらけが終わって仕事がポンとあいた。施設に行くと妹と叔母が来ていた。母は目をつぶったまま穏やかな表情で微かに呼吸をしていた。夕方になって「ちょっと家に帰ってご飯食べてくる」と言って私はいったん自宅に戻った。

家で夕食を食べていると妹から電話がかかってきた。

6時前だった。

「お兄ちゃん、いま息を引き取ったよ」

慌てて施設に戻ると、母は穏やかな表情で横になっていた。

「最期はどんな感じだったの？」

「私と叔母が、話をしていて、ふっと見たらもう息をしていなかったの」

苦しまず、声もあげず、二人の会話を聞きながら穏やかに母は逝ってしまった。

これから葬儀を考えないといけなかったが、スケジュール帳を見ると仕事がぽっかりとあいていて、わざわざ「忌引」を取らなくてもよかった。

「おふくろ、申し訳ない……」

仕事を一切休むことなく、誰にも迷惑をかけずに、葬儀を終えることができた。母は最後まで人のことばっかり気にかけていたのかもしれない。私は最後まで甘えさせてもらった。享年89。見事な最期だった。

母の遺体を引き取り、告別式のために運び出すとき、各部屋からおばあさんたちがみんな出てきて手合わせしてくれた。日を改めて施設にお礼に行くと、スタッフがみんなフェイスマスクをしていて、ピリピリしていた。どうやらクラスターが発生していたのだ。いいときに、みんなと「さよなら」できたのだ。いろんな意味で見事な人だった。

母が起こした奇跡!?

両親は私を奔放に育ててくれた。

だから私は勝手な息子だった。高校時代、勉強についていけず、いわゆる落ちこぼれだった。そのうち学校をちょいちょいサボるようになり、新宿や渋谷の街をうろつき、昼は母が作ってくれた弁当を映画館の暗闇で食べた。

息子がやさぐれていることを母はわかっていた。父も何も言わなかった。信じてくれたのかなと思う。

父から言われたことがある。

「卑怯なことをするな」、それと「食い物のことでガタガタ言うな」だった。

母は料理が上手だった。おかげで好き嫌いがない。おふくろの味のなかで特に好きなのは「鶏の唐揚げ」。それと我が家の食卓には関西の「オイル焼き」がよくのぼった。厚切りの肉をサッとタレにつけて油をひいた鉄板鍋で表面を焼き、濃いタレと大根おろしに絡めて食べる。これがたまらなくうまかった。

しかし、母が亡くなってからオイル焼きが食べたくても、どうしてもタレが作れない。似たようなものを買ってきて作ってみたが、母のあの味ではなかった。妹に聞いてもわからない。母が元気なうちに聞いておけばよかったと後悔している。

母とのことを思い出す日々が続いていたが、あさぼらけでは、母の死を話す機会を失った。忌引で休むことになったら事情を話せもしたが、すべてがスケジュール通りになって、何も言えずじまいになっていた。

ところがこんな不思議なことが起きた。

母が亡くなった次の日の朝、あさぼらけの火曜日は「バトンソングス」という「想い出の一曲を次の世代に手渡そう」という趣旨でリクエスト曲をリスナーのみなさんにいただいている。その日のバトンソングスのリクエスト曲が、半崎美子さんの『母へ』だったのだ。

この曲は母の偉大さや感謝を歌った母への賛歌だった。その時点で母が亡くなったことを、長濵P以外スタッフの誰にも話していない。「なんでこういう偶然が起こるんだろう」と心が震えた。

「ある」ことのありがたさ

人の命について考えた1年だった。

母には健康な体に産んでもらってありがとう、ぐらいのことしか思っていなかった。だけど、排尿と排泄にとんでもなく苦労したり、呼吸することが苦しいだとか、ＩＣＵで人の生き死にの極限状態を見てしまったりした。普通に生きることがいかに難しいことか、とはよく言ったものだと思う。

きたやまおさむさんがおっしゃっていた言葉で「ありがたいというのは、あたりまえであることが非常に難しいということなんだ」というのが胸に残っている。

「ある」というのはこのことなんだな、と思った。

ちょっと本屋に行って本でも読みたいなと思ったら行ける。ちょっとコンビニで買って食べようかなと思ったら行ける。そのことがいかに素晴らしいことか、本当に身に染みて思った。


入院しているときは外へ出られなかった。「風にあたりたい」と心から思った。管理された空調の効いた部屋にずっといたので、「中庭に出てもいいですよ」と言われたとき、お天気がよくて、風が心地よかった、お日さまが柔らかかった。もう夏の日差しから秋の日差しになっていた。

こんなことで俺はこんなに幸せになるんだなと思った。

ところが、あんなに幸せに思っていたのに、またいろんなことに不平不満と文句ばかり言っている自分になりつつある。

「おい、あの日を、思い出せよ、お前！」

尿袋をぶら下げて、中庭の狭いところをくるくる歩いてるだけで幸せだった。

「あのころを忘れるなよ」

信頼関係のあるラジオ

病気と入院を経験したからこそ、あさぼらけでは、そういう人たちの気持ちになってしゃべれるようになったかな、と思う。

入院しているリスナーに聴いていただいているということは知っていたけど、実感、体感はなかった。できればしないほうがいい経験だが、経験したからこそできるラジオもあるのだ。

毎度言ってることだが、「災害時に防災ラジオ」と言われると私は困ってしまう。私たちは誰も救えないのだ。

ラジオごときで救えるわけはない。だけど、せめて一人でも多くの方に、なじみの放送局と、なじみの番組と、なじみのパーソナリティを作っていただきたい。

今はスマホでラジオを聴けるが、スマホはいろんな情報を収集するツールなので、災害時にはバッテリーを温存してほしい。ｒａｄｉｋｏを聞くと、それなりにバッテリーが減ってしまい、役立たずになってしまう。できれば携帯ラジオを持っていてほしい。

そのスイッチの入れ方、チューニングの仕方、なじみの放送局、なじみの声がひとつでもあれば、もしかしたらその人があなたを救ってくれるかもしれないと私は思う。

関東大震災から１００年ということで、朝日新聞から取材を受けた。いまやいつ大地震が起きてもおかしくない。私が呼びかけたいのは、「お宅のそのタンス、倒れてきませんか」ということだ。一人暮らしの方だったり、木造家屋に住んでる方にはラジオリスナーが多い。そういった方々に、いま、もし起きてしまったときに、「あなた大丈夫ですか。倒れてくるタンスはありませんか？　食器棚はありませんか」ということを言い続けたい。その役目が私にはあると思う。

大きな揺れがきたときに、ケガをしないで生き残ればなんとかなるが、ケガをすると弱気になって、生き抜く気力がなくなってしまう。だから最初にケガをしないでなんとか生き残ってほしいと思う。

東日本大震災のとき、〝人の声〟を聞いて、「あっ！」と我に返るきっかけになることを、たくさんのメールで頂いたことを覚えている。それは阪神・淡路大震災のときだった。取材した方が、新神戸の部屋で被災し、倒れた家具に挟まれて身動きが取れなくなった。その瞬間、その人は何を思ったかというと、「もういいや、もう死んじゃおう」と思ったというのだ。

すると隣の部屋にいたその人の姉から、「何してんの、大丈夫！」と大きな声をかけられて、はっと我に返り、「あ、ダメだ。こんなことしてる場合じゃない、生きなきゃ」と思ったという。

人の声には、そういう機能があるんだなと知った。大地震が起きた瞬間、どのパーソナリティが遭遇するかわからないが、〝人の声〟で、「あ、生きなきゃ」と思ってもらえればいいと思うし、少なくとも僕の仕事仲間はみんなそういうことをしてくれる人たちだと思う。

災害が起きたとき、ラジオは取材の人数も少ないし、テレビみたいに歴史に残るような衝撃的で、裏を返せば刺激の強い映像を流し続けるということもない。新聞社のように記者がいろんなところに足を運び、いろんな人の話を聞いて、それを活字というかたちで残すということもない。ラジオに何ができるのか。ニッポン放送でいえばたとえば学校の安否情報だと思う。訓練のときはどれほど役立つのかと半信半疑だったが、東日本大震災で「〇〇地区にある〇〇学校は生徒全員無事です」という情報を入れたとき、この安否情報で、学校やその周辺には大きな被害が出ていないことがわかるんだと思った。

ということは、日ごろからあさぼらけで信頼関係を持っていただいているリスナーさんからは、大変な状況がちょっと落ち着いたとき、メールかTwitterか、Xなのかわからないが、何かしら連絡をくれると思う。

それはウラを取らなければいけないことがあるとは思う。そこは気をつけなければいけないが、少なくとも私とリスナーのみなさんとの信頼関係は、これまで7年半の間で築いているから、その人の言ってることはウラを取りながらも、「点」の情報として放送できたらなと思っている。その「点」がたくさん集まったら「面」になるのかなと思う。

いま、7年半かけて、その「面」になるように多くの「点」を作っているなという感じもあるし、『飯田浩司のOK! Cozy up!』だって、『あなたとハッピー!』だって、みんなそうだと思う。コウちゃん（飯田浩司）だからとか、カッキー（垣花正）だからという人たちがいて、そういう「点」がいっぱい集まっていると思う。それが少しでも多ければ、「面」になっていって、少しは役に立つかもしれないなと思う。

東日本大震災のとき、私は3週間後に仙台に行った。やっと東北放送が日常の放送に戻っていた。いつものパーソナリティが、いつものテーマに乗って、いつものようにしゃべりだすということは、宮城県の人たちにとって感動的なことだった。その時に読んだメールが、「あんた元気だった、大丈夫だったのね。私も大丈夫よ」という明るい内容の出だしだったのが、最後に「でもね、旦那がね、海行ったっきり帰ってこないのよ」と綴られていた。

おそらくその人は、メールを送るまで、そういうことが人に言えなかったんだと思う。

震災直後は曲をかけられなかった。それが少しずつかかるようになると、震災によりつらくて締めつけられた気持ちが、ラジオで少しだけれども緩めることができるかなと思った。

地震の前と地震のさなかと地震の後、ラジオは、テレビや新聞、そしてSNSなど足元にも及ばないが、SNSは正しい情報も間違った情報も、全部合わせて、押し寄せてくる。そこには悲しいことにフェイクニュースもいっぱいあるだろうし、面白いものもいっぱいあって、それに翻弄されてしまう人もいる。少なくともラジオにはそれはないという気持ちでマイクに向かっている。

即時性はないかもしれないし、安否を問われて、その人が元気かどうか、調べる人間もいない。東北の放送局は大変だったと思う。沿岸部に住んでいる親が生きてるかどうか、親戚が生きてるかどうか、東北放送にも山のようにメールが来て、ウラを取って取材はしたけど、とても追いつかない。ただただ大量のメールが積まれて、でも東北放送の人たちは最後までそのウラを取っていたと聞いた。

こんなラジオマンも多いので、なじみの放送局と、なじみの番組と、なじみのしゃべり手を作ってもらい、その信頼関係を築いてほしい。だから機会があったらラジオのスイッチを入れて聴いてみて、と微力ながら言っていくしかない。

さて、この本もいよいよ終わりに近づいてきた。

番組本と言いつつ、妙に尿道というワードが多い気もするがいかがだっただろうか。それから、リスナーのみなさんのこれまでの人生は大変に読み応えのある物語だった。取材にご対応いただいたことに心から感謝申し上げたい。番組をお聴きのみなさん一人一人にお話しをうかがうことができたなら、永遠に続く壮大なストーリーになったことだろう。

そして私たちはラジオ番組を一つの居場所として集っていることを改めて実感した。これからも『上柳昌彦　あさぼらけ』がみんなの居場所でいられるように、ゆっくりと頑張っていく所存だ。

では最後に、術後の私に手取り足取り付き合ってくれた長濱プロデューサーにこの本の最後をまとめてもらおうと思う。長濱さんよろしくね！

おわりに
～天才アナウンサーと泣き虫プロデューサーのちょっとした物語～

上柳昌彦さんは、1981年4月1日にニッポン放送に入社し、アナウンサー人生をスタートさせた。そして、その翌日の1981年4月2日に僕は生まれ、人生がスタートした。だから、上柳さんのアナウンサー人生と、僕の人生は同級生。しかも一日違いだから、ご縁がありそう。この20年、勝手にそんなことを思ってきた。

実際のところ、上柳さんの23年後輩として2004年に入社した僕は、新人で希望だった制作部に配属され、上柳さんが当時担当していた『うえやなぎまさひこのサプライズ』の前後の番組をレギュラー担当していた。だから、上柳さんとご一緒したのは単発がほとんどだ。

若手時代にご一緒したなかで、最もインパクトが強いのは『笑福亭鶴瓶 日曜日のそれ』で実施した特別企画「ラジオスジナシ」だ。入社2年目で抜擢いただき、初めてチーフディレクターになったこの番組で、なぜか演出の私までステージにあがって即興ドラマを生放送することになった。共にステージに立ち、セッションしていく緊張の90分。刻一刻と変化する即興ドラマが見事に進行していくのを、いつもと違う角度から体感した。本当にかっこよくて、上柳さんって天才なんだ……と思った。

その後、人事異動で営業マンになった私は、この時のエピソードを得意先との会話で話したことがある。なかでも、とある大企業のラジオ好きな宣伝部長は「愛に溢れてるね。あなたは、いい仕事をしてきたんだね……」と人目もはばからず涙してくれた。そして、「いろいろと経験してきたラジオリスナーは、泣く準備はできているよ。むしろ、泣きたいのかもしれない。どこかで、そんな番組に出逢えるのを心待ちにしている自分もいる。だから、またいい仕事をしてね……」と思いを語ってくれた。彼の存在は、あらゆる企画を立案・遂行するとき、いつも頭に浮かぶ人の一人でもある。僕、いい仕事できてますか？と。

『上柳昌彦 あさぼらけ』の放送が開始される2016年春には、僕はデジタルセクションにいて、ニッポン放送のホームページをオウンドメディア化する立ち上げ業務を担当していた。新番組編成の情報を知り、当時の上司である鳥谷部長に「新番組に、上柳さんの語りコーナーが欲しいですよね！」と伝え、コンテンツの記事掲載を念頭に置いた企画を番組チームに提案した。その結果、番組開始から続く唯一の企画で、7年半以上もの人気コーナーとなった「あけの語りびと」が生まれた。そんな「あけの語りびと」を書籍化するのはどうでしょう？という扶桑社さんのお声がけもあり、今回の番組本プロジェクトが進んでいったのだから、じつに面白い。

2018年春に組織変更があり、制作部の廃止とともに、編成部の社員がプロデューサーとして番組を統括することになった。人事異動で編成部員となった僕は、こうして『上柳昌彦 あさぼらけ』のプロデューサーになった。担当番組の発表を受けてご挨拶に行った僕に、上柳さんは言った。「私は数字に恵まれない男です。だから、君にも迷惑をかけてしまうかもしれない……」と。

笑って「大丈夫ですよ。頑張りましょう」とだけ返したあの朝、この人を必ず勝たせたい。だからなんでもやろう、と僕は誓った。経費削減の余波で牛放送にはほぼ立ち会わないプロデューサーでも、オンエアを聴いて、いろいろと話をしてきた。番組生放送後すぐに、上柳さんから「もっとこうしたいんだ!」と熱く語られて、なだめ役に回った朝もあった。時に、「あなたの魅力はここだと思う!」と、ちょっと恥ずかしいほどの想いもまっすぐに伝えてきた。だって、同級生なのだから。そんな僕ら二人の共通の想いは「まっすぐに、リスナーのあなたと番組をつくっていこう」ということだったと思う。

不確かな明日を、確かな今日に変える日々。リスナーのあなたと共に歩むなかで、その日はやってきた。番組が初めて聴取率首位に立った朝。結果発表資料を持つ手が震えた。周囲には「待っててください。絶対大丈夫ですから」と虚勢を張っていたけれど、自分で考えていた以上に責任を感じていたようだ。目に涙を浮かべ、資料を握りしめながら上柳さんに連絡。「おめでとうございます。そして、ありがとうございます。リスナーのみなさんに感謝ですね」と伝えた。上柳さん、あなたはおどけたLINEスタンプを真っ先に送ってきたけれど、あの時どう思っていたのでしょう?

「どんなときも、リスナーがわしらの背中を押してくれる。だから、リスナーを裏切ったらあかんで。長濱なら、いいラジオできるよ」。若手ディレクターだった僕に笑福亭鶴瓶師匠が授けてくださった言葉は、今も僕の心の真ん中にあって、制作の基本スタンスになっている。

リスナーのあなたに支えられ、『上柳昌彦 あさぼらけ』は一歩ずつ歩んできた。出会いと別れを繰り返しながらも、この日々がずっと続けばいいなぁと思って過ごしてきたなか、「経験したことのない頭痛がします……」という連絡を受けたあの日がやってくる。2022年9月1日（木）夜のことだ。絞り出すような声の上柳さんとの電話を切った後、様々な調整をするなかで、僕の脳裏には、上柳さんの2つの命が浮かんでいた。まずは、上柳昌彦の命を救いたい。そして、アナウンサー生命も救いたい。そんな気持ちだった。

自称〝同級生〟の僕にできることはなんでもやろうと誓った。それから、入院前と入院後、手術前と手術後。たくさんやり取りをした。とにかく、声をかけようと思った。人の声は力になると信じてきたからだ。幼いころから父に「困ったときこそ〝純〟な気持ちで」と言われてきた。そして、「誰かのために、もうひと手間かけなさい」と言われてきた。その教えが、不安な自分を初心に立ち返らせてくれた。

振り返ってみると、2022年9月からの4カ月間は、怒濤のスケジュールで無我夢中だった。30以上のレギュラー番組を担当しながら、5年連続で担当させていただいた『ラジオ・チャリティ・ミュージックソン』は佳境を迎え、いろんな番組でパーソナリティの体調不良に伴う代演対応もあった。

上柳さんが復活した11月には、『第48回 ラジオ・チャリティ・ミュージックソン』のキャンペーンがスタートしていて、ニッポン放送のリスナーにはおなじみ、ニニ・ロッソの『夢のトランペット』がオンエアされていた。〝夢をチカラに〟という自ら考えたキャッチフレーズが、こんなにも自分の背中を押してくれるとは思わなかった。上柳さんと叶えたい夢がまだまだあるのだと再認識した。

その夢のひとつが、後輩の育成だ。難しい番組だからこそ、やらせてみて、経験値を積ませたい。今回、上柳さんが強く願っていたのが、内田雄基アナの代演起用だった。その想いを受け取った4年目の内田アナに、こっそり感想を聞いてみた。

【後輩・内田雄基から、先輩・上柳昌彦へ】

「多分、君が男性アナウンサーで僕が教える最後の後輩なんだよねぇ……」。研修初日に上柳さんがこう言ったのを覚えています。

「アナウンサーは、話をするよりも話を聞く仕事だと思っている」と上柳さんはよく言いますが、目の前にいると自然と話を吸収されていくような感覚がありますす。そのつもりはないのに、自分が話す側になっているのです。

失敗した話、変な話、家族の話……身の回りの話を全部聞かれてしまいます。

そして、翌日の『あさぼらけ』を聴くと、私のなんでもなかったエピソードが、私が話した何倍も面白くなってリスナーの元に届けられているんです。「こんな感じに調理して話してくださいよぉ～」と暗に言われている気がしてなりません。そんなこと言えた立場じゃないですが、いつもうれしいなかにも悔しい気持ちがあります。

一度だけ役割が逆転したことがあります。僕があさぼらけの代演を担当する前日のお昼ごろ、病院にいる上柳さんと電話をしたときのことです。手術を終えて、回復に向かっている上柳さんの体調を根掘り葉掘り聞いていました。そして翌日その話をしました。しかし説明がうまくできていなくて、また悔しい気持ちになりました。

あの日のあさぼらけの生放送中、ラジオの前のリスナーさんが自然と目の前にいるような感覚がありました。上柳さんが病院のベッドの上で聴いているのだろうと考えていたら、放送ブースのそのあたりに上柳さんの顔が思い浮かび、その隣や後ろにお会いしたことのないリスナーのみなさんの顔が見えました。

不思議な感覚ですが、その映像が今も頭に残っています。あの日は、いつも怖かったミスが、怖くなるといいますか、マイクすら上柳さんの顔に見えてきて安心しながら話していたら放送が終わりました。マイクに浮かんだ上柳さんに「ラジオってこういうことですよぉ！」って言われた気がしました。

後々、上柳さんが入院のときの代役に「ぜひ内田を」と何度も推してくださっていたことを知りました。本当にずるいと思います。なんで、そんなに優しいんですか。

・・・・・・・・・・・・・・・・・・・・・・・・・・・・・・

いつかは内田アナも先輩になり、僕らと同じ気持ちを経験するだろう。僕らも、先輩からたくさんのバトンを受け取ってきたんだ。何度も失敗したし、挫けたし、悩んでもきた。そうやって学んだことがたくさんある。そして、若手にチャレンジさせるには勇気がいるものだ。でも、後輩の瞳が輝いていく瞬間こそ、先輩の醍醐味なんだ。

今回の番組本プロジェクト始動にあたり、おのずと上柳さんとの会話も増えた。当初は著者：上柳昌彦としてのエッセイ的な番組本にするという案も出たが、「リスナーの力も借りながら、みんなで作っていきたい。番組と同じように」という上柳さんの意見を尊重して、みんなが集まった。まさに「上柳昌彦と仲間たち」だ。

なかでも、「あけの語りびと」で毎週水曜日を彩ってくれている日高博さんと望月崇史さんが、本書でも文章を紡いでくれた。心の機微を感じ取ってくれる優しい二人がいてくれたことがとてもうれしい。リスナーに感謝、スポンサーに感謝、スタッフに感謝、家族に感謝。今回、いろいろとエピソードを綴ったが、総じて、感謝の想いに尽きる。

この7月の人事異動で、僕はコンテンツプランニング部（いわゆる編成セクション）で広報担当デスクを務めることになり、直接の番組担当を離れた。まさに、引き継ぎが始まったその日に、上柳さんから母上に関する連絡が入った。「こんなタイミングだし、誰に話すべきか、と思ったんだけど……」と、母上の現状を教えてくださった。バックアップを約束し、「少しでも、お母さまのそばにいてくださいね」と伝えた。

その日の夜、悲しみの連絡が入った。屋外にいた僕は、上柳さんと電話をしながら、ホロホロと涙を流した。僕が泣く立場ではないのだけど、ただただ悲しかった。「落ち着いたら、番組で話します」と言っていた上柳さんは、この番組本で初めて、母上のことを語った。リスナーのあなたにとっても、大切な人を想う時間となったなら……と思う。

さて、そろそろエンディングのお時間です。あらためまして、この本を手に取ってくださり、誠にありがとうございます。あなたの大切な時間をこの本に使っていただけて、とてもうれしいです。

『上柳昌彦　あさぼらけ』は、一人の天才アナウンサーが探し続けた、最終的な〝居場所〟だと思っています。そして、いつもチカラを貸してくださるリスナーのあなたの〝心の居場所〟でもあると信じています。

この本のタイトルに、その想いをぎゅっと込めました。

お送りしてきました『居場所は〝心《ここ》〟にある　上柳昌彦　あさぼらけ』。ここまでのお相手は、上柳昌彦と仲間たちでした。

明日の朝も、あなたの真心に会いたいです。集合は、そう、いつもの〝ここ〟で。あなたと僕らの居場所で待っています。

どうぞ、今日も一日、ご安全にお過ごしください！

株式会社ニッポン放送　長濱純

上柳昌彦と仲間たち

パーソナリティ
上柳昌彦

◆

構成
日高博、望月崇史

◆

プロデュース
長濱純、中出桂、高田陽平
（株式会社ニッポン放送）

◆

番組ディレクター
岩佐知弘、山田智恵、丹羽愛雅、中村悠紀
（株式会社ミックスゾーン）

◆

代演パーソナリティ（※五十音順）
内田雄基、くり万太郎、煙山光紀、春風亭一之輔、
清野茂樹、松本秀夫、森田耕次、箱崎みどり、
ひろたみゆ紀、師岡正雄、山内宏明、渡辺一宏

◆

ミキサー＆ニュースデスクのみなさま

◆

リスナーのみなさま

◆

スポンサーのみなさま

Special Thanks

石田誠、加藤晋、賀茂正美、木之本尚輝、小池清、桜井達也、
重村一、柴田篤、瀬尾伊知郎、冨山雄一、鳥谷規、成田哲、
南條仁、橋内慎一、廣川琢磨、檜原麻希、福田大介、
牧田英之、増田佳子、松島宏、松村吉洋、宮﨑恵梨
（株式会社ニッポン放送・株式会社ミックスゾーン ※五十音順）

◆

水野十六、日高俊樹

◆

井関宏幸、佐藤弘和
（扶桑社）

◆

番組を支えてくださったみなさま

『居場所は“心《ここ》”にある』―ニッポン放送 上柳昌彦 あさぼらけ―

発行日　2023年11月30日　初版第1刷発行

著者……………上柳昌彦と仲間たち
発行者…………小池英彦
発行所…………株式会社 扶桑社
〒105-8070　東京都港区芝浦1-1-1　浜松町ビルディング
電話　03-6368-8870（編集）
03-6368-8891（郵便室）
www.fusosha.co.jp

印刷・製本……サンケイ総合印刷 株式会社

装画……………宮田ナノ
デザイン………next door design（大岡喜直、相京厚史）
校正……………小西義之
編集……………佐藤弘和
DTP……………株式会社 センターメディア

ISBN 978-4-594-09632-8